21世纪高等院校计算机网络工程专业规划教材

Linux服务器的配置与管理项目实施

闫新惠　主编

刘易　崔焰　编著

清华大学出版社
北京

内 容 简 介

本书全面介绍了 Red Hat Enterprise Linux 5 Server 操作系统。本书通过 9 个项目,介绍了 Linux 桌面应用、Linux 系统管理和服务器管理与维护等工作中的应用技能,包括 Linux 操作系统的安装、登录及删除,图形用户界面,字符界面与文本编辑器,用户与组群管理,文件系统与文件管理,Linux 应用程序,网络配置,网络服务器配置。书中不仅有全面的基本技能(如操作系统的安装、系统的管理)介绍,还给出了中小型企业网络典型方案、配置方法,比较全面地概括了中小型企业网络服务器的配置与管理方面所需的基本技能。

本书既可作为高职高专学校相关专业的 Linux 操作系统课程教材,也可作为 Linux 培训教材及读者的自学参考书,还可作为从事嵌入式应用开发和网络管理等工作的技术人员的参考书。

图书在版编目(CIP)数据

Linux 服务器的配置与管理项目实施/闫新惠主编. --北京:清华大学出版社,2013(2016.3 重印)

21 世纪高等院校计算机网络工程专业规划教材

ISBN 978-7-302-31420-2

Ⅰ. ①L… Ⅱ. ①闫… Ⅲ. ①Linux 操作系统 Ⅳ. ①TP316.89

中国版本图书馆 CIP 数据核字(2013)第 018494 号

责任编辑:魏江江 赵晓宁
封面设计:何凤霞
责任校对:李建庄
责任印制:刘海龙

出版发行:清华大学出版社

  网 址:http://www.tup.com.cn, http://www.wqbook.com

  地 址:北京清华大学学研大厦 A 座   **邮 编:**100084

  社 总 机:010-62770175   **邮 购:**010-62786544

  投稿与读者服务:010-62776969, c-service@tup.tsinghua.edu.cn

  质量反馈:010-62772015, zhiliang@tup.tsinghua.edu.cn

  课件下载:http://www.tup.com.cn,010-62795954

印 装 者:虎彩印艺股份有限公司

经 销:全国新华书店

开 本:185mm×260mm **印 张:**9   **字 数:**223 千字

版 次:2013 年 6 月第 1 版   **印 次:**2016 年 3 月第 2 次印刷

印 数:2001～2500

定 价:22.00 元

产品编号:050263-01

前　言

　　本书的最大特点就是示例多,全书基本上都是以示例的形式介绍相应的网络操作系统的基本技能和网络服务器的配置方案,实用性和可操作性均非常高,非常适合对 Linux 还知之不多的读者以及广大爱好者所用。但同时要强调的是,我们不能局限于书中示例和方案的学习,应当在深入分析书中所给出的示例和方案基础上,举一反三,灵活运用和设计出满足特定需求的方案。

　　本书由闫新惠主编,其中刘易编写项目 1、项目 3 和项目 4,闫新惠编写项目 6、项目 8 和项目 9,崔焰编写项目 2、项目 5 和项目 7。由于编者水平有限和时间仓促,但书中可能还存在一些错误,敬请各位读者批评指正。

编　者

2013 年 4 月

目　录

V

项目 1　安装 Linux 构建网络环境

1.1　任 务 描 述

季目开关制造公司是一家入住 soho 大厦的新公司,公司职员十几人,由于资金等因素的限制,构建了小型办公网络,现综合布线及硬件已基本到位,需本着运行稳定、安全,管理维护简单、方便并能节约公司启动资金等方面的考虑选择符合公司需求的客户端操作系统及应用软件类型。

1.2　任 务 分 析

(1) 选择适合的桌面操作系统,注明理由。
(2) 分区规划:各分区的大小及磁盘规划。
(3) 选择合适的应用办公软件。
(4) 安装选择的桌面操作系统,按照分区规划进行 Linux 操作系统的部署。
(5) 安装选择的应用办公软件。

1.3　知 识 储 备

1.3.1　Linux 诞生

1991 年 10 月,当初网络还不像现在这么普遍,上网的人大部分都隶属于一些研究机构,或是大学里面的学生、教授,1991 年由一个名为 Linus Torvalds 的年轻芬兰大学生带头开发的作业系统 Linux,现已在世界各地受到普遍欢迎,还被视为是软体业巨人微软公司大力促销的 Windows NT 系统最大的竞争对手。Linux 目前已成为可以与 UNIX 和 Windows 相媲美的操作系统。Linux 成功的关键在于如下几点:

(1) 它是一个免费的源代码公开的软件,可以自由下载安装并任意修改软件的源代码。
(2) Linux 操作系统与主流操作系统 UNIX 兼容,UNIX 用户可以方便快捷地转为 Linux 用户。
(3) 各国政府、机构和厂商出于知识产权和安全原因,鼓励 Linux 的发展。
(4) Linux 支持几平所有的硬件平台,包括 Intel、Alpha、MIPS 等系统。

1.3.2 Linux 的应用概况

Linux 操作系统在短短的几年之内就得到了非常迅猛的发展,它之所以受到广大计算机爱好者的喜爱,主要原因有两个,一是它属于自由软件,用户不用支付任何费用就可以获得它和它的源代码,并且可以根据自己的需要对它进行必要的修改和无约束地继续传播;二是它具有 UNIX 的全部功能,任何使用 UNIX 操作系统或想要学习 UNIX 操作系统的人都可以从 Linux 中获益。因此,可以看到 Linux 有如下特点:

(1) 开放性:是指系统遵循世界标准规范,特别是遵循开放系统互连(OSI)国际标准。凡遵循国际标准所开发的硬件和软件,都能彼此兼容,可方便地实现互连。另外,Linux 是免费的且源代码开放,使用者能控制源代码,按照需要对部件混合搭配,建立自定义扩展。

(2) 多用户:是指系统资源可以被不同用户使用,每个用户对自己的资源(如文件、设备)有特定的权限,互不影响。

(3) 多任务:是现代计算机操作系统的一个最主要的特点,是指计算机同时执行多个程序,而且各个程序的运行是相互独立的。

(4) 出色的速度性能:Linux 可以连续运行数月、数年而无须重新启动,与 Windows NT(经常死机)相比,这一点尤其突出。即使作为一种台式机操作系统,与许多用户非常熟悉的 UNIX 相比,它的性能也显得更为优秀。Linux 不大在意 CPU 的速度,它可以把处理器的性能发挥到极限(用户会发现,影响系统性能提高的限制因素主要是其总线和磁盘 I/O 的性能)。

(5) 良好的用户界面:Linux 向用户提供了三种界面,即用户界面、系统调用以及图形用户界面。

(6) 丰富的网络功能:Linux 是在 Internet 基础上产生并发展起来的,因此,完善的内置网络是 Linux 的一大特点。Linux 在通信和网络功能方面优于其他操作系统。

(7) 设备独立性:是指操作系统把所有外部设备统一当作成文件来看待,只要安装它们的驱动程序,任何用户都可以像使用文件一样,操纵、使用这些设备,而不必知道它们的具体存在形式。Linux 是具有设备独立性的操作系统,它的内核具有高度适应能力。

(8) 可靠的安全系统:Linux 采取了许多安全技术措施,包括对读、写控制、带保护的子系统、审计跟踪、核心授权等,这为网络多用户环境中的用户提供了必要的安全保障。

(9) 良好的可移植性:是指将操作系统从一个平台转移到另一个平台使它仍然能按其自身的方式运行的能力。Linux 是一种可移植的操作系统,能够在从微型计算机到大型计算机的任何环境中和任何平台上运行。

(10) 具有标准兼容性:Linux 是一个与 POSIX(Portable Operating System Interface)相兼容的操作系统,它所构成的子系统支持所有相关的 ANSI、ISO、IETF 和 W3C 业界标准。为了使 UNIX system V 和 BSD 上的程序能直接在 Linux 上运行,Linux 还增加了部分 system V 和 BSD 的系统接口,使 Linux 成为一个完善的 UNIX 程序开发系统。Linux 也符合 X/Open 标准,具有完全自由的 X Windows 实现。另外,Linux 在对工业标准的支持上做得非常好,由于各 Linux 发布厂商都能自由获取和接触 Linux 的源代码,各厂家发布的 Linux 仍然缺乏标准,不过这些差异非常小。它们的差异主要存在于所捆绑应用软件的版本、安装工具的版本和各种系统文件所处的目录结构。

1.3.3 Linux 的主要优势

红帽(Red Hat)公司最早由 Bob Young 和 Marc Ewing 在 1994 年创建,是目前世界上最资深的 Linux 和开放源代码提供商,同时也是最获认可的 Linux 品牌。基于开放源代码模式,红帽为全球企业提供专业技术和服务。

- 内核及性能的提升;
- 安全性的提高;
- 图形桌面的增强;
- 虚拟化技术;
- 开发环境的改进;
- 管理与配置的简化。

1.3.4 Linux 磁盘分区基础

1. 最简单的划分方式

Linux 划分两个分区:

(1) 根分区(主分区)/,文件系统格式为 ext3。

(2) 交换分区 swap,swap 分区是 Linux 暂时存储数据。

2. 硬盘分区基础

(1) PC 上使用的硬盘。

IDE 接口:最常见的。

SCSI 接口:比 IDE 性能好,但更贵。

(2) 主分区、扩展分区、逻辑分区。

其包含操作系统启动所必需的文件和数据的硬盘分区。

除主分区外的分区,不能直接使用,必需再将其划分为若干个逻辑分区,如 D、E、F 等盘。

3. 分区规则

主分区与扩展分区是平级的,扩展分区本身无法用来存放数据,要使用它必须将其分成若干个(1−n 个)逻辑分区。

不管什么操作系统,能够直接使用的只有主分区、逻辑分区。硬盘分区规则如图 1-1 所示。

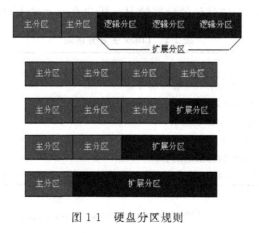

图 1-1 硬盘分区规则

安装 Linux 构建网络环境

4．Windows 下的分区

Windows 分区举例如图 1-2 所示。

图 1-2　Windows 分区举例

5．Linux 下的分区

(1) IDE 设备：/dev/hdx。

① 第一 IDE 的主盘：/dev/had。

② 第一 IDE 的从盘：/dev/hdb。

③ 第二 IDE 的主盘：/dev/hdc。

④ 第二 IDE 的从盘：/dev/hdd。

Linux 分区规则如图 1-3 所示。

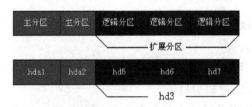

图 1-3　Linux 分区规则

(2) SCSI 设备：/dev/sdx。

① 最多 4 个主分区 hda1～hda4。

② 逻辑分区从 hda5 开始计算。

6．主要分区

表 1-1 所示为 Linux 系统默认的分区情况。用户在此基础上可以自行创建其他分区。

表 1-1　Linux 主要分区表

Partition	说　　明
/	根分区是系统启动后第一个载入的分区
/boot	引导分区，存放引导文件和 Linux 内核等
Swap	交换分区是物理内存的 2 倍
/usr	是 red hat linux 系统的主要程序和安装软件的存放地，如有可能应将最大空间分给它
/var	是系统日志记录和状态信息的分区
/home	用户的 home 目录所在地，这个分区的大小取决于有多少用户存放用户或办公数据、MP3 等

1.4 任务实施

1.4.1 安装 red hat enterprise linux 5

1. 虚拟机安装

虚拟机安装步骤如下：

（1）双击 VMware workstation 6.5 应用程序文件，启动安装程序，出现安装程序欢迎界面，如图 1-4 所示。

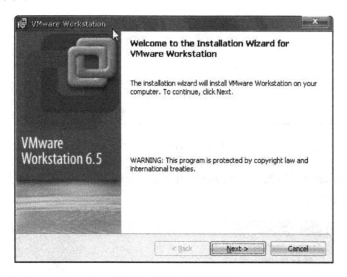

图 1-4 启动虚拟机安装

（2）单击 Next 按钮，出现安装类型选择界面，如图 1-5 所示。

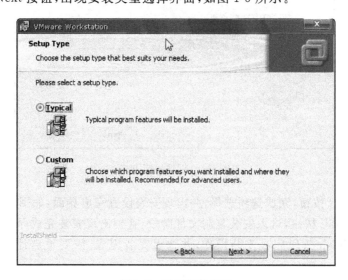

图 1-5 选择安装类型

安装 *Linux* 构建网络环境

（3）选择典型安装 Typical 单选按钮，并单击 Next 按钮，出现安装路径选择界面，如图 1-6 所示。

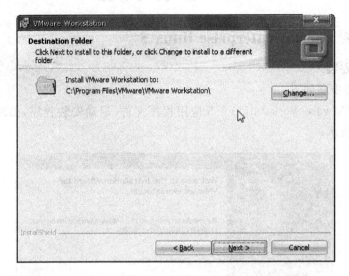

图 1-6　选择安装路径

（4）单击 Change 按钮，改变安装路径，并单击 Next 按钮，出现创建快捷方式设置的选择界面，如图 1-7 所示。

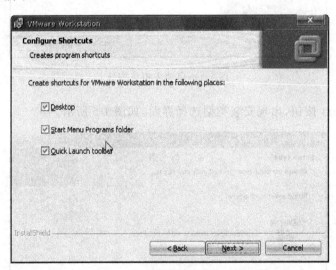

图 1-7　创建快捷方式

（5）单击 Next 按钮，完成选项选择，并出现安装设置完成界面，如图 1-8 所示。

（6）单击 Install 按钮，进入安装复制文件阶段，直到出现安装完成界面，如图 1-9 所示。

（7）单击 Finish 按钮完成安装操作，并弹出安装完成，需要重启计算机的对话框，如图 1-10 所示。

（8）单击 Yes 按钮选择重启系统完成配置需求，至此完成 Vmware 软件的安装。

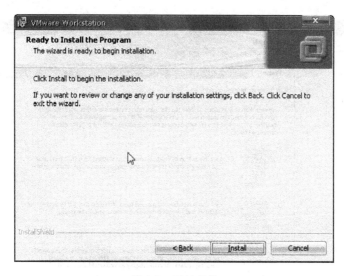

图 1-8　开始安装

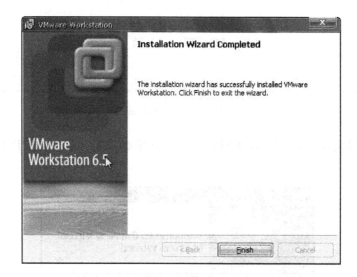

图 1-9　完成安装

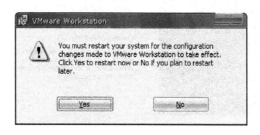

图 1-10　重启机器

2. 虚拟机的使用

1. 建立一个新的虚拟机

（1）双击桌面上虚拟机软件的快捷方式图标，进入虚拟机软件界面，如图 1-11 所示。

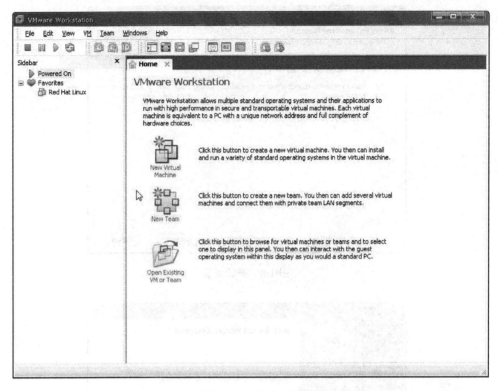

图 1-11　虚拟机界面

(2) 单击界面中 New Virtual Machine 项新建虚拟机,弹出虚拟机向导,如图 1-12 所示。

图 1-12　新建虚拟机

（3）选择 Typical 典型安装后，单击 Next 按钮，进入安装媒体选择界面，如图 1-13 所示。

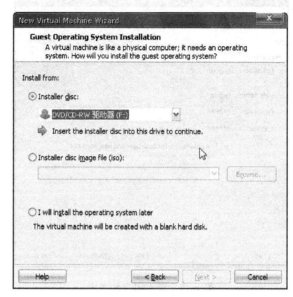

图 1-13　安装媒体选择界面

（4）选择 Installer disc image file(iso)单选按钮，并单击 Browse 按钮浏览选择镜像
(iso)文件的路径，如图 1-14 所示。然后，单击 Next 按钮弹出快捷安装信息界面。

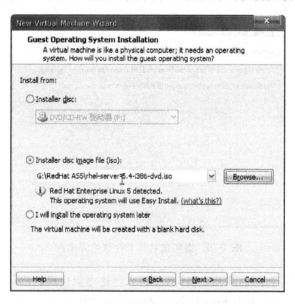

图 1-14　选择镜像文件的路径

（5）填写 Linux 操作系统的用户（redhat）及密码（123456）如图 1-15 所示，然后单击
Next 按钮进入虚拟机名称及存放位置确认界面，如图 1-16 所示。

（6）更改或默认虚拟机名称及存放位置路径后，单击 Next 按钮进入虚拟机硬盘容量设
置界面，如图 1-16 所示。

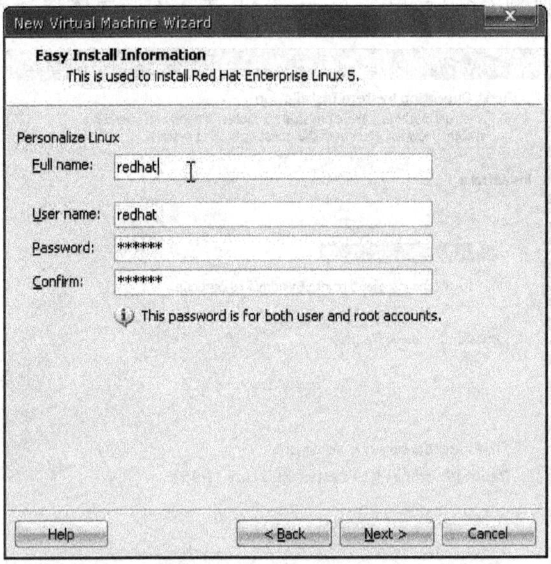

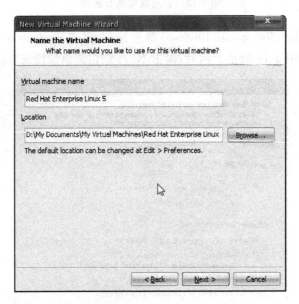

图 1-15　输入用户和密码

图 1-16　虚拟机名称和存放位置输入

（7）确定所占硬盘容量后，单击 Next 按钮进入创建虚拟机设置确认界面，如图 1-17 所示。

（8）确认信息无误后，单击 Finish 完成创建虚拟，如图 1-18 所示。

注意：此处可以单击 Customize Hardware 按钮，打开自定义硬件设置界面，更改所需要设置的硬件类型（如内存大小、硬盘容量、镜像路径、网络模式等），如图 1-19 所示。

3. 配置安装好的虚拟机

这里所指的配置，就是对已经装好的虚拟机的内存容量，硬盘大小和数量，网络类型等进行修改。

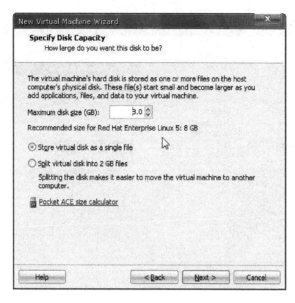

图 1-17　确定所占硬盘容量

图 1-18　创建完成

（1）虚拟机设备设置查看，如图 1-20 所示。

（2）单击 Edit virtual machine settings 编辑虚拟机设置选项，弹出虚拟机设置界面，可以在 Hardware 硬件选项卡中设置硬件需求，如图 1-21 所示。

可以在 Options 配置选项卡中配置虚拟机相关内容，如图 1-22 所示。

注意：share folder 功能是自 VMware4 以来的新功能，是为了在与真实主机共享文件时方便一些设定的，会在虚拟机理添加一个名为 share folder 的磁盘，盘符为 Z，添加起来很简单，单击那个 add 项，选择一个真实主机的文件夹即可。这个功能在 bridge 模式下可以用 UNC 名访问的方式代替，然而在 NAT 和 host only 模式下这个功能就显得很有用了，因

11

项目
1

安装 *Linux* 构建网络环境

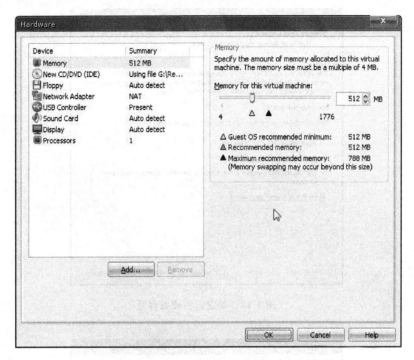

图 1-19　硬件设置页面

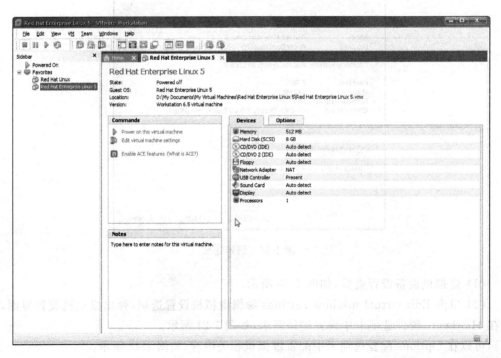

图 1-20　设备设置查看

为在这两种模式下直接使用 IP 地址变得很困难。最后还要提醒,在 Windows 98(含以下)
的系统不能支持 Shared Folder 功能。

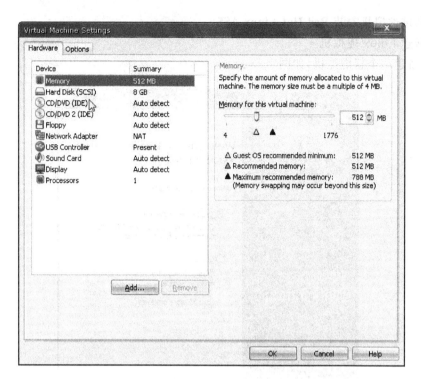

图 1-21　设置硬件

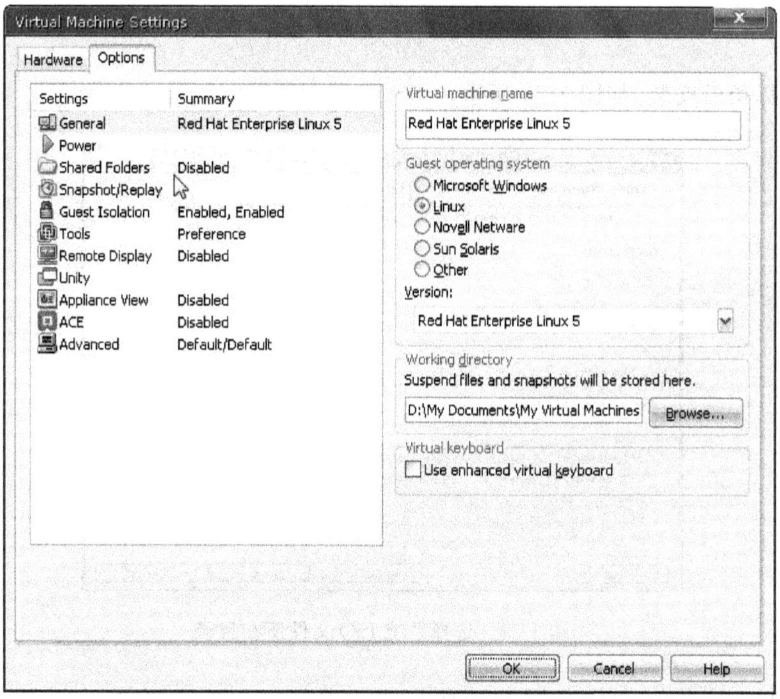

图 1-22　配置虚拟机相关内容

项
目
1

安装 *Linux* 构建网络环境

4. 通过虚拟机安装 Red Hat Linux AS5

1）新建 Linux 虚拟机

（1）新建一个新虚拟机，如图 1-23 所示。

图 1-23　新建虚拟机向导，选择典型安装 Typical

（2）选择稍后安装，如图 1-24 所示。

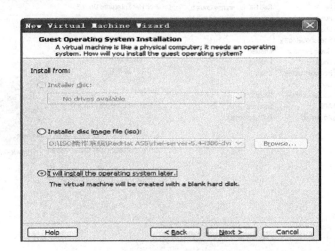

图 1-24　选择系统 ISO 文件所在目录

（3）选择要安装的系统，如图 1-25 所示。

（4）为系统命名，并设置安装目录，如图 1-26 所示。

图 1-25　选择要安装的系统名称

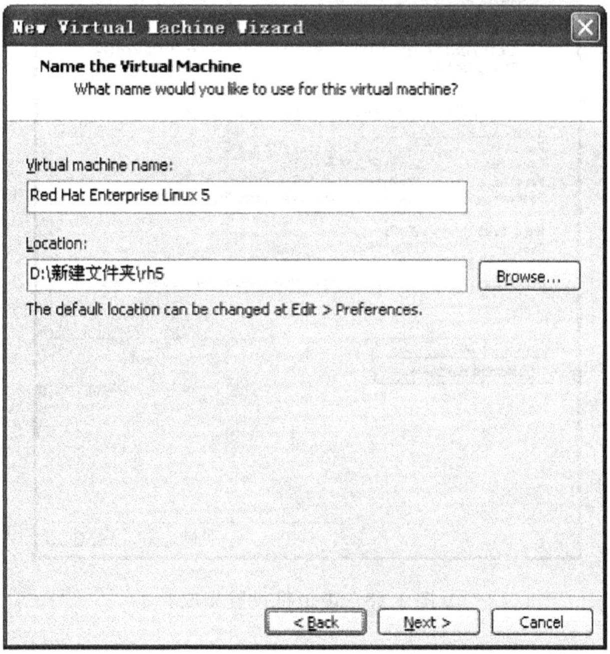

图 1-26　为虚拟机命名，并设置安装目录

安装 Linux 构建网络环境

（5）设置硬盘大小，如图 1-27 所示。

图 1-27　设置硬盘的大小

（6）虚拟机设置完成，如图 1-28 所示。

图 1-28　虚拟机设置完成

（7）设置虚拟机的桥机方式，如图 1-29 所示。

（8）左侧选择 CD，右侧选择 use ISO image file 项并设置 ISO 镜像文件的路径，如图 1-30 所示。

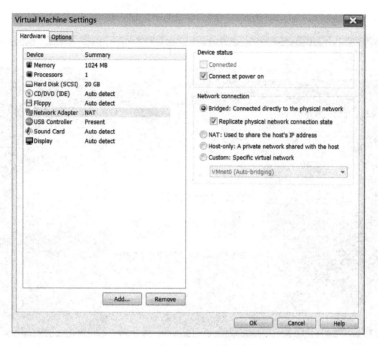

图 1-29　设置虚拟机的桥接方式

图 1-30　选择 ISO 镜像文件所在的目录

2）Linux Red Hat 系统的安装过程

（1）启动虚拟机，系统进入设备检测，单击 skip 按钮即跳过这一步，如图 1-31 所示。

（2）选择要安装的"简体中文"，如图 1-32 所示。

（3）选择键盘方式并输入安装序列号，如图 1-33 所示。

图 1-31　单击 Skip 按钮

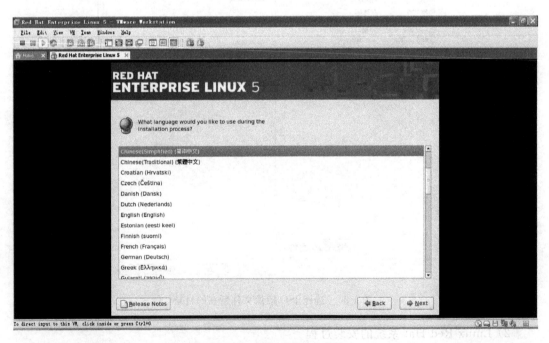

图 1-32　安装"简体中文"

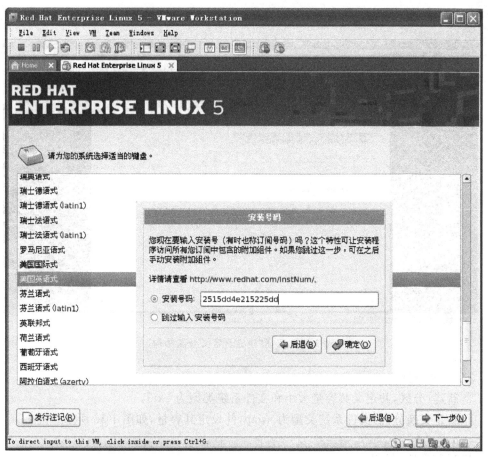

图 1-33　输入安装序列号

（4）警告是否进入分区，选择"是"按钮，如图 1-34 所示。

图 1-34　选择是否进入分区

安装 *Linux* 构建网络环境

（5）选择"建立自定义分区结构"项，如图 1-35 所示。

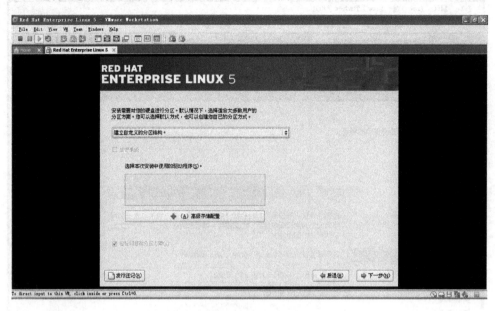

图 1-35　选择"建立自定义分区结构"

（6）新建分区。

① 新建/分区，并定义共容量大小和文件系统类型为 ext3。

② 新建交换分区，文件系统类型为 swap，并设定其容量，如图 1-36 所示。

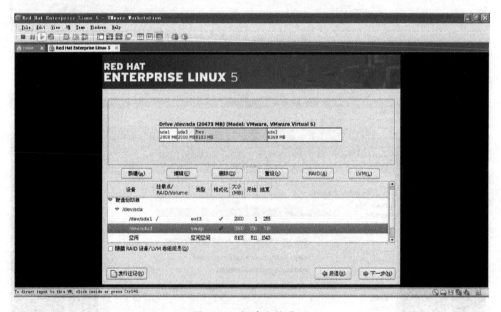

图 1-36　新建交换分区

（7）选择 GRUB 引导方式，如图 1-37 所示。

（8）选择区域为"亚洲/上海"，如图 1-38 所示。

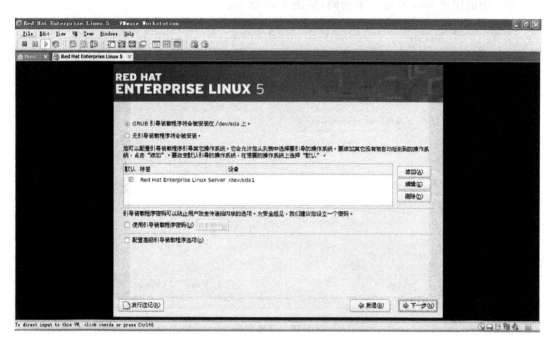

图 1-37　选择 GRUB 引导方式

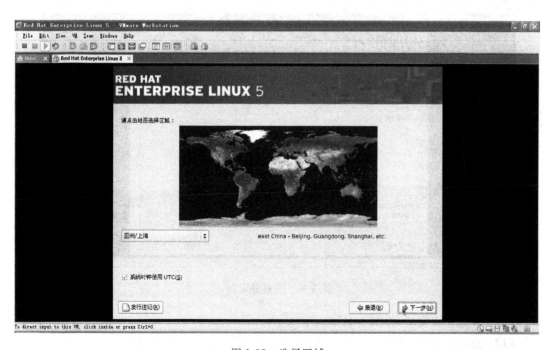

图 1-38　选择区域

21

项
目

1

安装 Linux 构建网络环境

(9) 为根用户 root 设定一个密码,如图 1-39 所示。

图 1-39 设置密码

(10) 选择虚拟化选项和稍后定制,如图 1-40 所示。

图 1-40 选择并定制

(11) 开始正式安装,如图 1-41 所示。

(12) 测试安装盘,并创建相关目录,启动安装程序,如图 1-42 所示。

(13) 检测系统默认选择的安装包,如图 1-43 所示。

(14) 格式化过程,如图 1-44 所示。

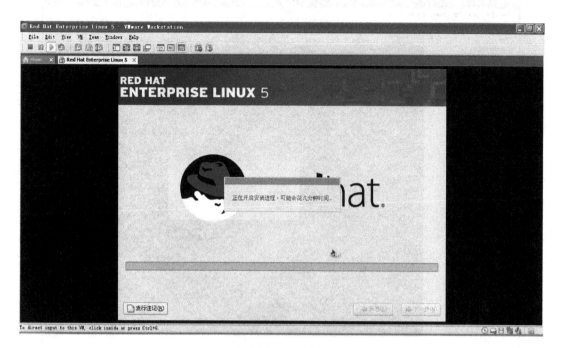

图 1-41 开始安装

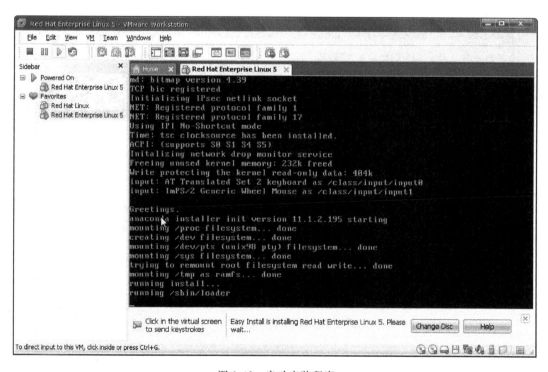

图 1-42 启动安装程序

项目 1

安装 *Linux* 构建网络环境

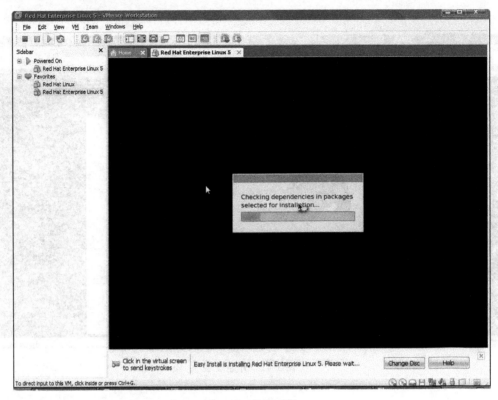

图 1-43　检测系统

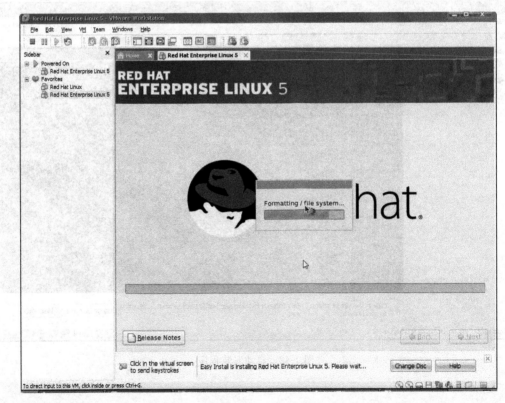

图 1-44　格式化过程

（15）正式安装，如图 1-45 所示。

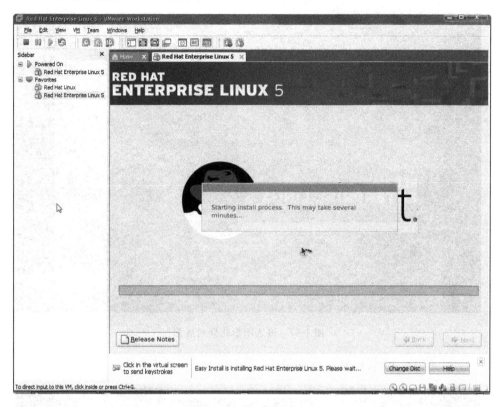

图 1-45　正式安装

（16）安装、配置系统结束，重启系统，如图 1-46 所示。

图 1-46　安装结束，重启

安装 Linux 构建网络环境

（17）系统检测完成后进入图形化登录界面，输入用户名，如图 1-47 所示。

图 1-47　进入图形化登录界面

（18）输入用户密码，如图 1-48 所示。

图 1-48　输入密码

（19）进入系统图形化界面，至此安装完成，如图 1-49 所示。

图 1-49　完成整个过程

1.4.2　配置网络环境

Linux 是网络操作系统,对网络有很好的支持,并提供了很多网络相关的管理工具和应用程序。在 Linux 主机之间使用 TCP/IP 协议通信,每台机器分配一个 IP 地址,作为在网络中的唯一标识,如 192.168.40.1。IP 地址分为网络号和主机号两部分。网络号标识了计算机所在的网络类型,而主机号标识了各个设备到网络的连接,由子网掩码如 255.255.255.0 来帮助区分。对应子网掩码中 255 位置的数值 192.168.40 为网络号,对应子网掩码中 0 位置的数值 1 为主机号。只有同一网络号内的主机可以直接通信,不同网络号主机的通信要通过路由器。

1. 网卡 IP 地址的设置

选择"系统"→"管理"→"网络",打开"网络配置"界面,选择设备,如图 1-50 所示。

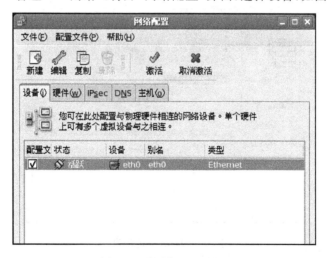

图 1-50　"网络配置"界面

安装 Linux 构建网络环境

eth0 是一个网卡,双击对其进行设置,如图 1-51 所示。

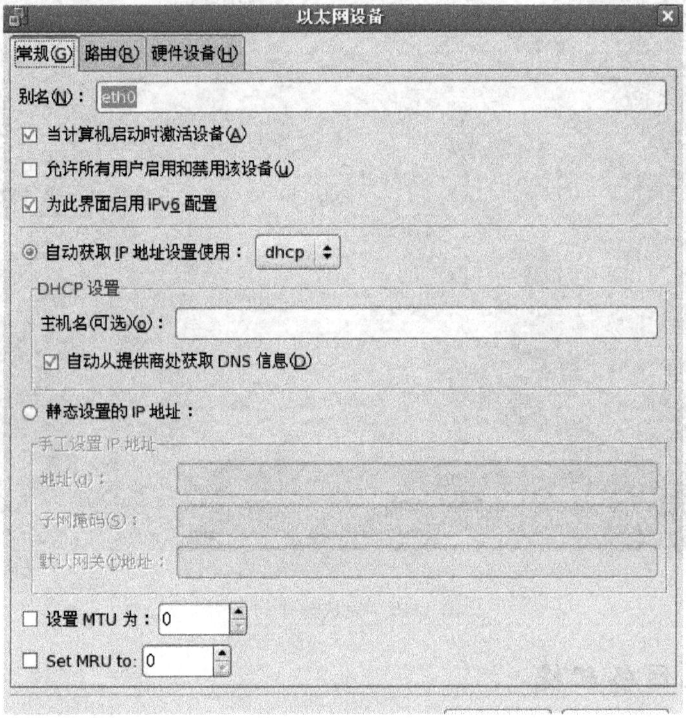

图 1-51 以太网卡设置

2. DNS 地址的设置

选择"系统"→"管理"→"网络",打开"网络配置"界面,选择 DNS 选项卡,如图 1-52 所示。

图 1-52 DNS 地址的设置

配置完成后单击"确定"按钮,重新启动网络设备使设置生效。

3. 网络信息查看

网络信息查看是进行后面网络管理的第一步。

1) ifconfig——查看和配置网络接口信息

其格式如下:

ifconfig [网络接口名]

ifconfig 命令示例如图 1-53 所示。

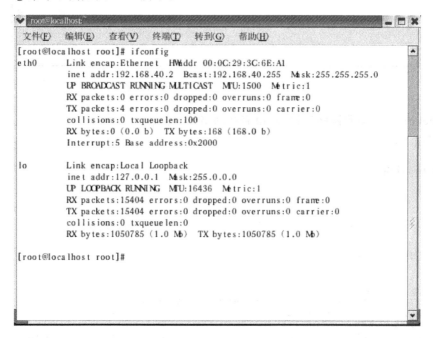

图 1-53   ifconfig 命令示例

例如:

[root@localhost root]# ifconfig eth0 192.168.40.3 netmask 255.255.255.0   #设置 eth0 的 IP
地址为 192.168.40.3,子网掩码为 255.255.255.0。

2) ping——测试与主机的网络连接是否通畅

格式如下:

ping   目的主机地址或主机名

例如:

[root@localhost root]# ping localhost

结果如图 1-54 所示。

在图 1-54 中,系统以 64B 为单位,向 localhost(127.0.0.1)发出数据包,在一定时间后
得到回应,说明设备正常。按 Ctrl+C 键结束发送数据包。

安装 *Linux* 构建网络环境

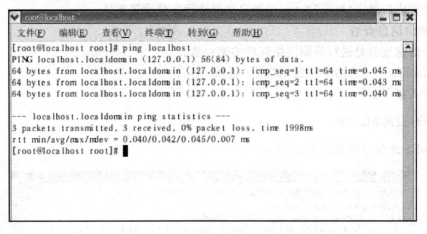

图 1-54   ping 命令测试网络是否通畅

3）netstat——显示网络连接、路由表和网络接口信息

格式如下：

netstat［选项］

例如：

[root@localhost root]# netstat－i   ♯查看网卡传送、接收情况

结果如图 1-55 所示。

```
[root@localhost root]# netstat -i
Kernel Interface table
Iface       MTU Met    RX-OK RX-ERR RX-DRP RX-OVR    TX-OK TX-ERR TX-DRP TX-OVR Flg
eth0        1500  0      83     0      0      0        4     0      0      0 BM
RU
lo         16436  0   31098     0      0      0    31098     0      0      0 LR
U
You have new mail in /var/spool/mail/root
[root@localhost root]#
```

图 1-55   netstat 命令查看网卡情况

可以看到数据包发送、接收成功与失败的情况。显示信息的最后一列 Flg 表明当前网络接口的情况。

（1）B 表示已经设置广播地址。

（2）L 表示是一个环路。

（3）R 即 Running，表示接口当前处于执行状态。

（4）U 即 Up，表示该接口处于激活状态。

[root@localhost root]# netstat－r   ♯查看路由表信息

如图 1-56 所示，用 netstat 命令，带参数 r 可以查看到当前路由表的详细信息，包括目的地址，掩码，端口接口状态，等等。

```
[root@localhost root]# netstat -r
Kernel IP routing table
Destination     Gateway        Genmask         Flags  MSS Window irtt Iface
192.168.40.0    *              255.255.255.0   U        0 0         0 eth0
169.254.0.0     *              255.255.0.0     U        0 0         0 eth0
127.0.0.0       *              255.0.0.0       U        0 0         0 lo
[root@localhost root]#
```

图 1-56　netstat 命令查看路由表信息情况

1.5　习题与实训

1.5.1　思考与习题

1. 选择题

(1) 在 Bash 中超级用户的提示符是（　　）。

    A. ♯　　　　　　　B. $　　　　　　　C. grub>　　　　　　D. c:\>

(2) 命令行的自动补齐功能要用到（　　）键。

    A. Tab　　　　B. Del　　　　　C. Alt　　　　　D. Shift

(3) 若一台计算机的内存为 128MB,则交换分区的大小是（　　）。

    A. 64MB　　　B. 128MB　　　C. 256MB　　　D. 512MB

2. 简答题

(1) Linux 系统的特点有哪些?

(2) Linux 系统由哪些部分组成?

(3) Linux 实用工具程序分为哪几类? 分别用于什么方面?

(4) 虚拟机如何安装?

(5) 虚拟机如何使用?

(6) 虚拟机的网络配置有哪几种?

(7) Linux 系统安装的硬件需求有哪些?

(8) 如何安装 Linux?

1.5.2　实训

1. 实训目的

通过 Linux 的安装练习和图形化界面的使用,熟练掌握虚拟机和 Linux 的安装,熟悉 Linux 操作系统环境和基本操作方法,进一步加深对 Linux 操作系统的认识。

2. 实训内容

(1) 练习用光盘在已安装 Windows 操作系统的计算机上安装 Red Hat Linux AS 5。

(2) Linux 的图形化界面的使用。

3. 实训总结

提交实训报告。

安装 Linux 构建网络环境

项目 2 文件系统管理

2.1 任务描述

季目开关制造公司运营过程中,由于公司各部门都有自己的用户管理,分类文件的管理,需要网络运维管理员理与维护网络操作系统平台。例如,建立目录、文件,设置目录或文件的有效权限,都是作为一位系统管理员需要通过熟练地操作 Shell 命令来完成的。

2.2 任务分析

Linux 主要应用在网络环境中,图形用户界面固然直观友好,但是占用很多系统资源。字符界面操作方式可以更高效地完成所有的操作和管理任务。因此字符操作方式依然是 Linux 系统最主要的操作方式。文件系统的管理需要掌握以下技能:

(1) 掌握 Linux 目录结构和文件的管理。
(2) 掌握文件及目录的操作。
(3) 熟练掌握权限管理。
(4) 熟悉编辑器 vi 的使用。

2.3 知识储备

2.3.1 Linux 文件系统概述

文件系统是操作系统用于明确磁盘分区上的文件的方法和数据结构,即文件在磁盘上的组织方法。换句话说,文件系统规定了如何在存储设备上存储数据以及如何访问存储在设备上的数据。一个文件系统在逻辑上是独立的实体,是单独地被操作系统管理和使用。

2.3.2 Linux 文件系统的组织方式

Linux 采用的是树状目录结构,最上层是根目录,其他的所有目录都是从根目录出发而生成的。与微软的 Windows 树状结构不同的是,在 Linux 中的目录树只有一个,如图 2-1 所示。

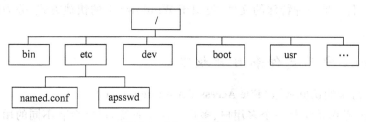

图 2-1　Linux 目录结构

2.3.3　Linux 系统的默认安装目录

Linux 系统默认的重点目录说明,如表 2-1 所示。

表 2-1　Linux 系统默认目录

目　　录	说　　明
/bin	bin 是 Binary 的缩写。这个目录存放着用户经常使用的命令,如 ls、cd、rm 等
/boot	操作系统启动所需文件
/dev	dev 是 Device(设备)的缩写,该目录下存放的是 Linux 的外部设备
/etc	这个目录用来存放所有的系统管理所需要的配置文件和子目录
/home	用户的主目录,如用户名为 zhao,主目录就是/home/zhao
/mnt	文件系统挂载点。例如,将 U 盘挂载在/mnt/usb 上,就可以查看 U 盘上的内容了
/root	管理员的主目录
/tmp	存放临时文件
/usr	存放用户使用的应用程序和系统命令等信息
/var	存放日志文件等经常变动的文件
/lost＋found	这个目录一般情况下是空的,当系统不正常关机后,这里存放恢复文件
/lib	动态链接共享库

以上只是 Linux 系统中部分常用的子目录。

文件在存储设备上的不同组织方法形成了不同的文件系统,如 ext2、ext3、FAT32 等。Linux 系统通过虚拟文件系统(VFS,Virtual File System)支持多种不同的文件系统,包括 ext2、ext3、ext、msdos、vfat、NFS、minix、sysv 等。其中,ext2、ext3 是专门为 Linux 设计的文件系统,msdos 是微软公司的 DOS 文件系统。

2.3.4　Linux 中的文件类型

Linux 的基本文件类型如下。

(1) 普通文件:如文本文件、C 语言源代码、Shell 脚本、二进制的可执行文件等,可用 cat、less、more、vi、emacs 来查看内容,用 mv 来改名。

(2) 目录文件:包括文件名、子目录名及其指针,是 Linux 储存文件名的唯一地方,可用 ls 列出目录文件。目录文件往往简称为目录。

(3) 设备文件:Linux 系统把每一个 I/O 设备看成一个文件,与普通文件一样处理,使文件与设备的操作尽可能统一。设备文件通常放在/dev 目录内。

(4) 管道文件:用于不同进程间的信息传递。

（5）链接文件：是一种特殊的文件，类似于 Windows 下的快捷方式，分为硬链接文件和符号链接文件。

2.3.5　Linux 中的文件和目录权限

1. 文件或目录的访问权限（File Access Permission,FAP）

由于 Linux 操作系统是一个多用户、多任务操作系统，可能会有不同的用户访问该计算机，如果没有进行访问权限的规定，计算机中的数据就没有安全性可言。

在 Windows XP 或 Windows 2003 系统中，如果磁盘文件系统使用 NTFS 类型，也可以规定访问权限，具体来说就是规定什么用户可以读、写、执行等，但它们使用的是 FAT32 文件类型，不支持访问权限的设置。

Linux 系统中的每个文件和目录都有访问许可权限，用来确定谁可以通过何种方式对文件和目录进行访问和操作。

2. 访问权限的类型

文件或目录的访问权限分为"可读(r),可写(w)和可执行(x)"三种。

以文件为例，可读权限表示允许读其内容，而禁止对其做任何的更改操作。可写权限表示可以改写该文件的内容，但并不能新建或删除文件，要有目录的写权限才能办到。可执行权限表示允许将该文件作为一个程序执行。

对目录而言，可读权限表示允许显示该目录中的内容。可写权限表示可以在该目录中新建、删除、改名文件或子目录。可执行权限表示可以进入该目录，可执行权限是基本权限，如果没有它，就进不了目录，更谈不上显示目录内容了。

文件被创建时，文件所有者自动拥有对该文件的读、写和可执行权限，以便于对文件的阅读和修改。用户也可根据需要把访问权限设置为需要的任何组合。例如，rwx 表示用户对该文件可读、可写、可执行；rw-表示用户对该文件可读、可写；r-x 表示用户对该文件可读、可执行；r-x 对目录而言，表示用户可以进入该目录，并显示目录内容；--x 对目录而言，表示用户可以进入该目录，无法显示目录内容，但如果知道目录中的文件名，也是可以打开文件的。

3. 三种用户类别

有三种不同类型的用户可对文件或目录进行访问：文件所有者，同组用户、其他用户。所有者一般是文件的创建者，所有者可以允许同组用户有权访问文件，还可以将文件的访问权限赋予系统中的其他用户。在这种情况下，系统中每一位用户都能访问该用户拥有的文件或目录了。

每一文件或目录的访问权限都有三组，每组用三位表示，分别为文件属主的读、写和执行权限；与属主同组的用户的读、写和执行权限；系统中其他用户的读、写和执行权限。当用 ls -l 命令显示文件或目录的详细信息时，最左边的一列为文件的访问权限。

例如，命令为"ls -l sobsrc. tgz"。

显示如下：

- rw - r - r -- 1 root root 483997 Jul 15 17:31 sobsrc. tgz

横线代表空许可，即无权限。r 代表只读，w 代表写，x 代表可执行。注意，这里共有 10

个位置。第一个字符指定了文件类型,如果第一个字符是横线,表示是一个非目录的文件。如果是 d,表示是一个目录。

例如:

	-	rw-	r--	r--
表示为	普通文件	文件所有者 可读可写	组用户 只可读	其他用户 只可读

4. 修改文件或目录的访问权限

在默认情况下,用户新建目录的访问权限为 rwxr-xr-x,用户新建文件的访问权限为 rw-r--r--。

确定一个文件的访问权限后,用户可以利用 Linux 系统提供的 chmod 命令来重新设定不同的访问权限。chmod 命令是非常重要的,用于改变文件或目录的访问权限。用户用它控制文件或目录的访问权限。

该命令有两种用法。一种是包含字母和操作符表达式的文字设定法;另一种是包含数字的数字设定法。

1) 字符设定法

格式如下:

chmod [who] [+ - =] [mode]文件名

命令中各选项的含义如下。

(1) 操作对象 who 可是下述字母中的任一个或它们的组合:

① u 表示"用户(user)",即文件或目录的所有者。

② g 表示"同组(group)用户",即与文件属主有相同组 ID 的所有用户。

③ o 表示"其他(others)用户"。

④ a 表示"所有(all)用户"。它是系统默认值。

(2) 操作符号如下:

① ＋添加某个权限。

② －取消某个权限。

③ ＝赋予给定权限并取消其他所有权限(如果有的话)。

(3) 设置 mode 所表示的权限可用下述字母的任意组合:

① r 可读。

② w 可写。

③ x 对文件表示可执行,对目录表示可进入。

文件名:可以是一个文件名,也可以以空格分开的要改变权限的文件列表,支持通配符。

在一个命令行中可给出多个权限方式,其间用逗号隔开。

例如"chmod g＋r,o＋r example"表示使同组和其他用户添加对文件 example 有读权限。

2) 数字设定法

必须首先了解用数字表示的属性的含义:

0 表示没有权限;1 表示可执行权限 x;2 表示可写权限 w;4 表示可读权限 r。

文件系统管理

然后将文件所有者的访问权限,同组用户的访问权限,其他用户的访问权限三位一组分别相加。得到一个 3 位数,就是该文件的完整访问权限。

例如,rwxr-xr-- 首先分成三组"rwx r-x r--"。按照 0 表示没有权限,1 表示可执行权限 x,2 表示可写权限 w,4 表示可读权限 r,进行三位一组的相加,得到"第一组 rwx 对应 4+2+1=7;第二组 r-x 对应 4+0+1=5;第三组 r-- 对应 4+0+0=4"。

所以最后得到的一个 3 位数是 754。

数字设定法的一般形式为"chmod [mode]文件名"。

数字比字母好记,但是字符设定法比较直观,各有所长。

5. chgrp 命令

该命令改变指定指定文件所属的用户组.其中 group 可以是用户组 ID,也可以是 /etc/group 文件中用户组的"组名 文件名"是以空格分开的要改变属组的文件列表,支持通配符。如果用户不是该文件的属主或超级用户,则不能改变该文件的组。

功能:改变文件或目录所属的组。

语法:

```
chgrp [选项] group filename
```

6. chown 命令

功能:更改某个文件或目录的属主和属组,这个命令也很常用。例如,root 用户把自己的一个文件复制给用户 xu,为了让用户 xu 能够存取这个文件,root 用户应该把这个文件的属主设为 xu;否则,用户 xu 无法存取这个文件。

语法:

```
chown [选项] 用户或组 文件
```

说明:chown 将指定文件的拥有者改为指定的用户或组,用户可以是用户名或用户 ID,组可以是组名或组 ID,文件是以空格分开的要改变权限的文件列表,支持通配符。

使用权限为 root。

使用方式:

```
chown[ - cfhvR] [ -- help] [ -- version] user[:group] file…
```

说明:Linux/UNIX 是多人多工作业系统,所有的档案皆有拥有者。利用 chown 可以将档案的拥有者加以改变。一般来说,这个指令只有是由系统管理者(root)所使用,一般使用者没有权限可以改变别人的档案拥有者,也没有权限可以自己的档案拥有者改设为别人。只有系统管理者才有这样的权限。user 为新的档案拥有者的使用者。

IDgroup 为新的档案拥有者的使用者群体(group)。

-c 表示若该档案拥有者确实已经更改,才显示其更改动作。

-f 表示若该档案拥有者无法被更改也不要显示错误信息。

-h 表示只对于连接(link)进行变更,而非该 link 真正指向的档案。

-v 表示显示拥有者变更的详细资料。

-R 表示对目前目录下的所有档案与子目录进行相同的拥有者变更(即以递回的方式逐个变更)。

--help 用来显示辅助说明。

--version 用来显示版本。

2.3.6 Linux 的 Shell 操作

1. Linux Shell 简介

Linux Shell 指的是一种程序,有了它,用户就能通过键盘输入指令来操作计算机了。Shell 会执行用户输入的命令,并且在显示器上显示执行结果。这种交互的全过程都是基于文本的,与图形化操作不同。这种面向命令行的用户界面被称为 CLI(Command Line Interface)。在图形化用户界面(GUI)出现之前,人们一直是通过命令行界面来操作计算机的。

现在,基于图形界面的工具越来越多,许多工作都不必使用 Shell 就可以完成了。然而,专业的 Linux 用户认为 Shell 是一个非常有用的工具,学习 Linux 时一定要学习 Shell,至少要掌握一些基础知识和基本的命令。

将 Linux 基本的人机交互接口称为 Shell 程序,该程序接收用户发出的命令,检查无误后传递给操作系统调用相应的工具去执行。

2. Shell 的启动:

在启动 Linux 桌面系统后,Shell 已经在后台运行起来了,但并没有显示出来。如果想让它显示出来,则按 Ctrl+Alt+F2 组合键,其中的 F2 键可以替换为 F3~F6 键。如果要回到图形界面,则按 Ctrl+Alt+F7 组合键。

另外,在图形桌面环境下运行"系统终端"也可以执行 Shell 命令,与用组合键切换出来的命令行界面是等效的。"系统终端"启动后是一个命令行操作窗口,可以随时放大缩小,随时关闭,比较方便。启动"系统终端"的方法是,选择"开始"→"应用程序"→"附件"→"系统终端"命令或选择"主菜单"下的"系统工具"→"终端"命令,也可启动终端程序。可右击桌面,在出现的菜单中选择终端即可。终端允许建立多个 Shell 客户端,它们相互独立,可以通过标签在彼此之间进行切换。

2.3.7 vi 编辑器的使用

vi 的编辑环境没有菜单,只有键盘命令,且命令繁多。vi 有三种基本工作模式:命令行模式、文本输入模式和末行模式。

1. 命令行模式

在命令模式下,从键盘上输入的任何字符都被当做编辑命令来解释。若输入的字符是合法的 vi 命令,则 vi 在接受用户命令之后完成相应的操作,但所输入的命令并不在屏幕上显示出来。若输入的字符不是 vi 的合法命令,vi 会响铃报警。在命令模式下,屏幕底行不显示信息。

从 Shell 环境中输入启动命令为 vi,进入 vi 编辑器后处于命令模式下。

1) 插入模式

按 i 键切换进入插入模式(Insert Mode),按 i 进入插入模式后是从光标当前位置开始输入文件。

按 a 键进入插入模式后,是从目前光标所在位置的下一个位置开始输入文字。

按 o 键进入插入模式后,是插入新的一行,从行首开始输入文字。

2）从插入模式切换为命令行模式

按 Esc 键。

3）移动光标

vi 可以直接用键盘上的光标来上下左右移动,但正规的 vi 是用小写英文字母 h、j、k、l,分别控制光标左、下、上、右移一格。

按 Ctrl＋b 键：屏幕往"后"移动一页。

按 Ctrl＋f 键：屏幕往"前"移动一页。

按 Ctrl＋u 键：屏幕往"后"移动半页。

按 Ctrl＋d 键：屏幕往"前"移动半页。

按数字 0 键：移到文章的开头。

按 G 键：移动到文章的最后。

按 $ 键：移动到光标所在行的"行尾"。

按 ^ 键：移动到光标所在行的"行首"。

按 w 键：光标跳到下个字的开头。

按 e 键：光标跳到下个字的字尾。

按 b 键：光标回到上个字的开头。

按 ♯l 键：光标移到该行的第 ♯ 个位置,如 51、561。

4）删除文字

x 键：每按一次,删除光标所在位置的"后面"一个字符。

♯x 键：例如,6x 键表示删除光标所在位置的"后面"6 个字符。

X 键：大写的 X,每按一次,删除光标所在位置的"前面"一个字符。

♯X 键：例如,20X 键表示删除光标所在位置的"前面"20 个字符。

dd 键：删除光标所在行。

♯dd 键：从光标所在行开始删除 ♯ 行。

5）复制

yw 键：将光标所在之处到字尾的字符复制到缓冲区中。

yw 键：复制 ♯ 个字到缓冲区。

yy 键：复制光标所在行到缓冲区。

♯yy 键：例如,6yy 键表示拷贝从光标所在的该行"往下数"6 行文字。

p 键：将缓冲区内的字符贴到光标所在位置。注意：所有与"y"有关的复制命令都必须与"p"配合才能完成复制与粘贴功能。

6）替换

r 键：替换光标所在处的字符。

R 键：替换光标所到之处的字符,直到按 Esc 键为止。

7）回复上一次操作

u 键：如果您误执行一个命令,可以马上按下 u 键,回到上一个操作。按多次 u 键可以执行多次回复。

8）更改

cw：更改光标所在处的字到字尾处。

c♯w：例如，c3w 表示更改 3 个字。

9）跳至指定的行

Ctrl+g 列出光标所在行的行号。

♯G：例如，15G，表示移动光标至文章的第 15 行行首。

2. 文本输入模式

在命令模式下输入：插入命令（i）、附加命令（a）、打开命令（o）、修改命令（c）、取代命令（r）或替换命令（s）都可以进入文本输入模式。在该模式下，用户输入的任何字符都被 vi 当成文件内容，并将显示在屏幕上。在文本输入过程中，若想回到命令模式下，可按 Esc 键。

3. 末行模式

在命令模式下，用户输入"："，就进入末行模式。此时，vi 会在最后一行显示一个"："作为提示符，等待用户输入命令。多数文件管理命令都是在末行模式下执行的。在末行模式下可按 Del 键，或用退格键"←"删除输入的命令，就回到命令模式。

1）列出行号

set nu：输入 set nu 后，会在文件中的每一行前面列出行号。

2）跳到文件中的某一行

♯：♯号表示一个数字，在冒号后输入一个数字，再按 Enter 键就会跳到该行了，如输入数字 15，再按 Enter 键，就会跳到文章的第 15 行。

3）查找字符

"/关键字"：先按/键，再输入想寻找的字符，如果第一次找的关键字不是想要的，可以一直按 n 键会往后寻找到相应的关键字为止。

"? 关键字"：先按"?"键，再输入想寻找的字符，如果第一次找的关键字不是想要的，可以一直按 n 键会往前寻找到相应的关键字为止。

4）保存文件

w：在冒号输入字母 w 就可以将文件保存起来。

5）离开 vi

q：按 q 键就退出，如果无法离开 vi，可以在 q 后跟一个"！"强制离开 vi。

qw：一般建议离开时，按 qw，这样在退出的时候还可以保存文件。

2.4　任　务　实　施

2.4.1　文件操作命令的使用

1. 显示文本文件内容

1）逐屏显示文件内容

more 命令格式如下：

```
# more [ - o] [ + n/process] file1[,file2, …]
```

其中,各选项含义如下:

−s:将文件中连续的多个空行压缩成一个空行。

+n:将从文件的第 n 行开始显示。

+process:将从文件第一次出现"process"字符串的行开始显示。

2)串接并打印文件

```
# cat [−u] file1[ file2…]
```

cat 命令是 Linux 系统中最常用的命令之一,有 3 个功能:一是显示文本文件内容;二是连接多个文件;三是建立简单文件。

例如:

```
[root@lyl xinxi] # cat stu2.txt
[root@lyl xinxi] # cat file1 file2 > file3
[root@lyl xinxi] # cat > stu3.txt
```

3)显示文件头

```
# head [−n] filename
```

4)显示文件尾

```
# tail [±n] filename
```

5)带行号显示文件内容

```
# nl [−binsvw] filename
```

6)以打印格式显示文件

```
# pr [选项] [文件…]
```

2. 复制文件可以用命令 cp 实现

格式如下:

```
# cp 源文件 目的文件            →复制一个源文件到生成新的目的文件
# cp 文件 1 文件 2… 目录         →复制多个文件并放到目录下面
```

3. 移动文件和文件换名可以用命令 mv 实现

格式如下:

```
# mv oldname newname           →将一个旧文件移到一个新的位置,并改变其名称;
# mv file1[ file2…] dirname    →将多个文件移动到目录下
```

4. 删除文件可以用命令 rm 实现

格式如下:

```
# rm [−fri] file1[ file2…]      →删除一个或多个文件
```

5. 查找文件可以用 find 命令实现

格式如下:

```
# find 路径名… −查找模式 −操作  →find 命令实现查找,可以根据路径,查找模式条
```

6. 链接文件可以用 ln 命令实现

格式如下：

＃ ln file1 [file2]　　　　　　　→将文件通过 ln 命令形成新的链接文件

7. 改变文件或目录的存取权可以用 chmod 命令实现

格式如下：

＃ chmod 对象 操作符 许可权 文件名列表/目录名列表

改变文件或目录的存取权限，包括读、写、执行权等。

2.4.2 目录操作命令的使用

1. 显示和改变当前目录

显示当前路径用 pwd 命令；改变当前目录用 cd 命令。

（1）pwd 命令显示当前工作目录的名字。

（2）cd 命令改变当前工作目录到指定的目录中。如果没有指定目录，那么当前目录就是用户主目录。

2. 建立目录 mkdir 命令

格式如下：

＃ mkdir newdir　　　　　　　　；建立新目录 newdir

3. 删除目录 rmdir 命令

＃ rmdir olddir　　　　　　　　；删除目录 olddir

4. 更换目录名用 mv 命令

＃ mv olddir newdir　　　　　　将 olddir 路径名重命名为 newdir

5. 复制目录

用 copy 命令将一个目录下的所有文件 copy 并生成另一个目录。

＃copy [－adlmnoyv] dir1[dir2 …] dirname

2.4.3 文件与目录的权限操作

1. 改变文件/目录的访问权限

（1）将档案 file1.txt 设为所有人皆可读取，具体如下：

chmod ugo＋r file1.txt

或

chmod a＋r file1.txt

（2）将档案 file1.txt 与 file2.txt 设为该档案拥有者，与其所属同一个群体者可写入，但其他以外的人则不可写入：

```
chmod ug + w,o - w file1.txt file2.txt
```

2. 更改一个或多个文件或目录的属主和属组

(1) 将档案 file1.txt 的拥有者设为 users 群体的使用者 jessie。

```
chown jessie:users file1.txt
```

(2) 把目录/hi 及其下的所有文件和子目录的属主改成 wan,属组改成 users。

```
$ chown - R wan.users /hi
```

2.5 习题与实训

2.5.1 思考与习题

1. 选择题

(1) Linux 文件权限中保存了( )信息。

A. 文件所有者的权限　　　　　　B. 文件所有者所在组的权限

C. 其他用户的权限　　　　　　　D. 以上都包括

(2) Linux 文件系统的文件都按其作用分门别类地放在相关的目录中,对于外部设备文件,一般应将其放在( )目录中。

　　A. /bin　　　　　B. /etc　　　　　C. /dev　　　　　D. /lib

(3) 某文件的组外成员的权限为只读;所有者有全部权限;组内的权限为读写写,则该文件的权限为( )。

　　A. 467　　　　　B. 674　　　　　C. 476　　　　　D. 764

(4) 文件 exer1 的访问权限为 rw-r--r--,现要增加所有用户的执行权限和同组用户的写权限,下列命令正确的是( )。

　　A. chmod a＋x g＋w exer1　　　　　B. chmod 765 exer1

　　C. chmod o＋x exer1　　　　　　　D. chmod g＋w exer1

(5) 在 Linux 系统中有一个文件/dev/hda2。请问该文件最可能是( )类型的文件。

　　A. 普通文件　　　B. 特殊文件　　　C. 目录文件　　　D. 链接文件

(6) 在 Linux 系统中,下列( )命令可以用来安装驱动程序包?

　　A. /setup　　　B. /load　　　　C. /rpm　　　　D. /installmod

(7) 在 Linux 系统中,下列( )命令可以用来建立分区?

　　A. /fdisk　　　B. /mkfs　　　　C. /tune2fs　　　D. /mount

(8) 在 Linux 系统中,下列( )命令可以用来查看 kernel 版本信息?

　　A. /ckeck　　　B. /ls kernel　　　C. /kernel　　　D. /uname

2. 填空题

(1) 在 Linux 系统中,以_____方式访问设备?

(2) 某文件的权限为-rw-r--r--,用数值形式表示该权限,则该八进制数为_____,该文件属性是_____。

(3) _____命令可以移动文件和目录,还可以为文件和目录重新命名。

（4）用_____符号将输出重定向内容附加在原文的后面。

（5）增加一个用户的命令是_____或_____。

（6）在 cd 命令中可以有两种表示目录路径的形式，_____是以当前目录为参照；_____是以"/"开始的路径。

3．简答题

（1）Linux 系统中一个文件的全路径为/etc/passwd,表示了文件的哪些信息？

（2）vi 的三种运行模式为何？如何切换？

2.5.2　实训

1．实训目的

掌握 vi 的编辑操作及三种工作模式之间的转换。

2．实训内容

实训前准备如下：

（1）在 stXX 目录下创建 test 子目录。

（2）用 cat 在 test 目录下创建文件 file1,内容自定。

1) 用 vi 打开并编辑 file1 的内容

（1）修改第二行的内容。

（2）再末尾添加一行。

（3）练习三种工作模式之间的转换。

（4）存档并离开 vi。

2) 文本编辑器 vi 的使用

（1）新建文件。输入命令：

vi myfile

（2）输入插入命令 i(屏幕上看不到字符 i)。

（3）然后,输入以下文本行：

To the only woman tht I love,
For mand year you have been my wife.

（4）发现这两行有错,进行改正：

按 Esc 键,从插入方式回到命令方式。

按光标上移键,使光标移到第一行。

按光标左移键,使光标移到 tht 的第二个 t 处。

输入 i(这是插入命令),然后输入 a。该行变成如下形式：

To the only woman that I love,

修改第二行的 mand 为 many。

（5）接着输入：

I love you dearly with my life.
and could not have picked much better.

（6）将编辑的文本文件存盘并退出。

（7）重新进入 vi 编辑程序，编辑上面的文件。在屏幕上见到 myfile 文件的内容。在屏幕底边一行显示出该文件的名称、行数和字符个数："myfile"4 lines,130 characters 它仍然有错，需进一步修改。

（8）将光标移到第二行的 year 的 r 处。输入 a 命令，添加字符 s。

（9）按 Esc 键，回到命令方式。输入命令 10〈Space〉，光标移至何处？---光标右移 10 个字符位置。

（10）利用取代命令 r 将 mywwife 改为 my wife。

（11）将光标移至第三行。输入新行命令 O（大写字母），屏幕上有什么变化？光标移至上一行（新加空行）的开头。

（12）输入新行的内容：

We've been through much together

此时，vi 处于哪种工作方式？

（13）按 Esc 键，回到命令方式。将光标移到第 4 行的 live 的 i 字母处。利用替换命令 s 将 i 改为 o。

（14）在第 4 行的 you 之后添加单词 dearly。将 wich 改为 with。

（15）修改后的文本是以下内容：

To the only woman that I love,
For many years you have been my wife
We've been through much together

将该文件存盘，退出 vi。

（16）重新编辑该文件。并将光标移到最后一行的 have 的 v 字母处，使用 d $ 命令将 v 至行尾的字符都删除。

（17）现在想恢复（17）的原状，怎么办（使用复原命令 u）？

（18）使用 dd 命令删除第一行；将光标移至 through 的 u 字母处，使用 C（大写字母）命令进行修改，随便输入一串字符。将光标移到下一行的开头，执行 5x 命令；然后执行重复命令。

（19）屏幕内容乱了！现在想恢复 15 步的原状，怎么办？（不写盘，强行退出 vi）能用 u 或 U 命令恢复屏幕原状吗？

3. 实训总结

提交实训报告。

项目 3 管理 Linux 操作系统

3.1 任务描述

季目开关制造公司运营过程中,由于公司各部门文件权限没有严格限制,造成公司的研发资料以及行政部门的行政管理资料在公司内部随意传播访问,这就需要网络运维管理员对文件服务器上的文档进行权限规划和限制,并对各部分用户的权限进行设置。用户权限的任务要求:

(1) 研发部开发人员 David 和 Peter 属于组 A。

(2) 行政部人员 Jack 和 Mike 属于组 B。

(3) 建立目录/project_a,该目录中的文件只能由研发部开发人员读取、增加、删除、修改以及执行,其他用户不能对该中进行任何的访问操作。

(4) 建立目录/project_b,该目录中的文件只能由行政部人员读取、增加、删除、修改以及执行,其他用户不能对该目录进行任何的访问操作。

(5) 建立目录/project,该目录中的文件可由研发部、行政部人员读取、增加、删除、修改以及执行,其他部门用户只可以对该目录进行只读的访问操作。

3.2 任务分析

(1) 理解用户与账户的概念。

(2) 熟悉账户配置文件。

(3) 学会设置基本操作权限。

(4) 了解特殊权限的使用。

3.3 知识储备

3.3.1 Linux 系统管理概述

Linux 操作系统是多用户的操作系统,允许多个用户同时登录到系统上,使用系统资源。当多个用户能同时使用系统时,为了使所有用户的工作都能顺利进行,保护每个用户的文件和进程,也为了系统自身的安全和稳定,必须建立一种秩序,使每个用户的权限都得到规范。

3.3.2　用户和组管理

1. 用户的概念

Linux 是真正意义上的多用户操作系统,可以在 Linux 系统中建若干用户。例如,其他人想用我的计算机,但我不想让他用我的用户名登录,因为我的用户名下有不想让别人看到的资料和信息(也就是隐私内容)这时我就可以给他建一个新的用户名,这从计算机安全角度来说是符合操作规则的;当然用户的概念理解还不仅仅于此,在 Linux 系统中还有一些用户是用来完成特定任务的,比如 nobody 和 ftp 等,我们访问一个 Linux 服务器的网页程序,就是 nobody 用户;我们匿名访问 ftp 时,会用到用户 ftp 或 nobody;Linux 系统的一些账号,请查看 /etc/passwd。

2. 用户的类型

(1) root 用户:系统唯一,是真实的,可以登录系统,可以操作系统任何文件和命令,拥有最高权限。

(2) 普通用户:这类用户能登录系统,但只能操作自己家目录的内容;权限有限;这类用户都是系统管理员自行添加的。

3. 用户组的概念

用户组就是具有相同特征的用户的集合体。例如,有时要让多个用户具有相同的权限,如查看、修改某一文件或执行某个命令,这时需要用户组,把用户都定义到同一用户组,通过修改文件或目录的权限,让用户组具有一定的操作权限,这样用户组下的用户对该文件或目录都具有相同的权限,这是通过定义组和修改文件的权限来实现的。例如,为了让一些用户有权限查看某一文档,如是一个时间表,而编写时间表的人要具有读写执行的权限,想让一些用户知道这个时间表的内容,而不让他们修改,所以可以把这些用户都划到一个组,然后来修改这个文件的权限,让用户组可读,这样用户组下面的每个用户都是可读的。

用户和用户组的对应关系是:一对一、多对一、一对多或多对多。

一对一:某个用户可以是某个组的唯一成员。

多对一:多个用户可以是某个唯一的组的成员,不归属其他用户组,如 beinan 和 linuxsir 两个用户只归属于 beinan 用户组。

一对多:某个用户可以是多个用户组的成员,如 beinan 可以是 root 组成员,也可以是 linuxsir 用户组成员,还可以是 adm 用户组成员。

多对多:多个用户对应多个用户组,并且几个用户可以是归属相同的组。

4. 用户和组管理常用命令

1) 添加系统用户:useradd

格式:

```
useradd [选项] <用户名>
useradd - d              /* 制定用户的宿主目录 */
useradd - e              /* 指定用户的账号失效时间,可使用 YYYY - MM - DD 的日期格式 */
useradd - g              /* 指定用户的基本组名,也可以使用 GID */
useradd - G              /* 指定用户的公共组名,也可以使用 GID */
useradd - M              /* 不为用户建立并初始化宿主目录 */
useradd - s              /* 指定用户的登录 shell 环境 */
```

```
useradd - u                          /* 指定用户的 UID 号 */
```

2）设置系统用户密码 passwd

格式：

```
passwd [选项] <用户名>
passwd - d                           /* 清空指定用户密码 */
passwd - l                           /* 锁定指定用户账户 */
passwd - S                           /* 查看指定用户状态 */
passwd - u                           /* 解锁指定用户账户 */
```

3）修改指定用户账户信息 usermod

格式：

```
usermod [选项] <用户名>
```

4）删除指定用户账户 userdel

格式：

```
userdel [ - r] <用户名>
userdel - r                          /* 删除用户后,也将该用户的宿主目录一并删除 */
```

5）添加一个系统用户组 groupadd

格式：

```
groupadd [ - g] <组名>
groupadd - g                         /* 为新建的组指定 GID 组标记 */
```

6）删除一个系统用户组 groupdel

格式：

```
groupdel <组名>
```

7）输出指定用户的身份标记信息 id

格式：

```
id [选项] <用户名>
id - u                               /* 只显示有效用户信息 */
id - g                               /* 只显示有效组信息 */
id - n                               /* 只输出用户名称 */
```

8）查看登录到当前主机中的用户 users

格式：

```
users/who
```

9）切换为另一个用户身份 su

格式

```
su [ - l] [目标用户名]
su - l                               /* 使用目标用户的登录 shell 环境,该选项可简写为"-" */
```

5. 账号系统文件

完成用户管理的工作有多种方法,但是每种方法实际上都是对有关的系统文件进行修改。与用户和用户组相关的信息都存放在一些系统文件中,这些文件包括/etc/passwd、/etc/shadow、/etc/group 等。下面分别介绍这些文件的内容。

1) /etc/passwd 文件

这个文件是用户管理工作涉及的最重要的一个文件。Linux 系统中的每个用户都在/etc/passwd 文件中有一个对应的记录行,它记录了这个用户的一些基本属性。这个文件对所有用户都是可读的。例如,用 cat /etc/passwd 可以查看它的详细信息:

```
root:x:0:0:Superuser:/:
daemon:x:1:1:System daemons:/etc:
bin:x:2:2:Owner of system commands:/bin:
sys:x:3:3:Owner of system files:/usr/sys:
adm:x:4:4:System accounting:/usr/adm:
uucp:x:5:5:UUCP administrator:/usr/lib/uucp:
auth:x:7:21:Authentication administrator:/tcb/files/auth:
cron:x:Array:16:Cron daemon:/usr/spool/cron:
listen:x:37:4:Network daemon:/usr/net/nls:
lp:x:71:18:Printer administrator:/usr/spool/lp:
sam:x:200:50:Sam san:/usr/sam:/bin/sh
```

可以看到,/etc/passwd 中一行记录对应着一个用户,每行记录又被冒号分隔为 7 个字段,其格式和具体含义如下:

用户名:口令:用户标识号:组标识号:注释性描述:主目录:登录 Shell

(1)“用户名”是代表用户账号的字符串。通常长度不超过 8 个字符,并且由大小写字母和/或数字组成。登录名中不能有冒号,因为冒号在这里是分隔符。为了兼容起见,登录名中最好不要包含点字符(.),并且不使用连字符(一)和加号(+)打头。

(2)“口令”一些系统中,存放着加密后的用户口令字。虽然这个字段存放的只是用户口令的加密串,不是明文,但是由于/etc/passwd 文件对所有用户都可读,所以这仍是一个安全隐患。因此,现在许多 Linux 系统(如 SVR4)都使用了 shadow 技术,把真正的加密后的用户口令字存放到/etc/shadow 文件中,而在/etc/passwd 文件的口令字段中只存放一个特殊的字符,如 x 或 *。

(3)“用户标识号”是一个整数,系统内部用它来标识用户。一般情况下,它与用户名是一一对应的。如果几个用户名对应的用户标识号是一样的,系统内部将把它们视为同一个用户,但是它们可以有不同的口令、不同的主目录以及不同的登录 Shell 等。通常用户标识号的取值范围是 0~65 535。0 是超级用户 root 的标识号,1~Array,Array 由系统保留,作为管理账号,普通用户的标识号从 100 开始。在 Linux 系统中,这个界限是 500。

(4)“组标识号”字段记录的是用户所属的用户组。它对应着/etc/group 文件中的一条记录。

(5)“注释性描述”字段记录着用户的一些个人情况,如用户的真实姓名、电话、地址等,这个字段并没有什么实际的用途。在不同的 Linux 系统中,这个字段的格式并没有统一。在许多 Linux 系统中,这个字段存放的是一段任意的注释性描述文字,用做 finger 命令的输出。

（6）"主目录"，就是用户的起始工作目录，是用户在登录到系统之后所处的目录。在大多数系统中，各用户的主目录都被组织在同一个特定的目录下，而用户主目录的名称就是该用户的登录名。各用户对自己的主目录有读、写、执行（搜索）权限，其他用户对此目录的访问权限则根据具体情况设置。

（7）用户登录后，要启动一个进程，负责将用户的操作传给内核，这个进程是用户登录到系统后运行的命令解释器或某个特定的程序，即 Shell。Shell 是用户与 Linux 系统之间的接口。Linux 的 Shell 有许多种，每种都有不同的特点。常用的有 sh（Bourne Shell），csh（C Shell），ksh（Korn Shell），tcsh（TENEX/TOPS-20 type C Shell），bash（Bourne Again Shell）等。系统管理员可以根据系统情况和用户习惯为用户指定某个 Shell。如果不指定 Shell，那么系统使用 sh 为默认的登录 Shell，即这个字段的值为/bin/sh。用户的登录 Shell 也可以指定为某个特定的程序（此程序不是一个命令解释器）。利用这一特点，可以限制用户只能运行指定的应用程序，在该应用程序运行结束后，用户就自动退出了系统。有些 Linux 系统要求只有那些在系统中登记了的程序才能出现在这个字段中。

系统中有一类用户称为伪用户（Psuedo Users），这些用户在/etc/passwd 文件中也占有一条记录，但是不能登录，因为它们的登录 Shell 为空。它们的存在主要是方便系统管理，满足相应的系统进程对文件属主的要求。常见的伪用户如表 2-1 所示。

表 2-1　系统伪用户列表

伪　用　户	含　义
bin	拥有可执行的用户命令文件
sys	拥有系统文件
adm	拥有账户文件
uucp	UUCP 使用
lp	lp 或 lpd 子系统使用
nobody	NFS 使用拥有账户文件

除了上面列出的伪用户外，还有许多标准的伪用户，如 audit，cron，mail，usenet 等，它们也都各自为相关的进程和文件所需要。

由于/etc/passwd 文件是所有用户都可读的，如果用户的密码太简单或规律比较明显的话，一台普通的计算机就能够很容易地将它破解，因此对安全性要求较高的 Linux 系统都把加密后的口令字分离出来，单独存放在一个文件中，这个文件是/etc/shadow 文件。只有超级用户才拥有该文件读权限，这就保证了用户密码的安全性。

2）/etc/shadow 文件

这个文件中的记录行与/etc/passwd 中的一一对应，由 pwconv 命令根据/etc/passwd 中的数据自动产生。它的文件格式与/etc/passwd 类似，如用命令 cat /etc/shadow 打开此文件，结果显示如下：

```
root:Dnakfw28zf38w:8764:0:168:7::::
daemon:*::0:0::::
bin:*::0:0::::
sys:*::0:0::::
adm:*::0:0::::
```

```
uucp: * ::0:0::::
nuucp: * ::0:0::::
auth: * ::0:0::::
cron: * ::0:0::::
listen: * ::0:0::::
lp: * ::0:0::::
sam:EkdiSECLWPdSa:Array740:0:0::::
```

这些字段如下：

登录名:加密口令:最后一次修改时间:最小时间间隔:最大时间间隔:警告时间:不活动时间:失效时间:标志

（1）"登录名"是与/etc/passwd 文件中的登录名相一致的用户账号。

（2）"口令"字段存放的是加密后的用户口令字，长度为 13 个字符。如果为空，则对应用户没有口令，登录时不需要口令；如果含有不属于集合{./0-ArrayA-Za-z}中的字符，则对应的用户不能登录。

（3）"最后一次修改时间"表示的是从某个时刻起，到用户最后一次修改口令时的天数。时间起点对不同的系统可能不一样。例如，在 SCO Linux 中，这个时间起点是 1970 年 1 月 1 日。

（4）"最小时间间隔"指的是两次修改口令之间所需的最小天数。

（5）"最大时间间隔"指的是口令保持有效的最大天数。

（6）"警告时间"字段表示的是从系统开始警告用户到用户密码正式失效之间的天数。

（7）"不活动时间"表示的是用户没有登录活动但账号仍能保持有效的最大天数。

（8）"失效时间"字段给出的是一个绝对的天数，如果使用了这个字段，那么就给出相应账号的生存期。期满后，该账号就不再是一个合法的账号，也就不能再用来登录了。

3）用户组的所有信息都存放在/etc/group 文件中。

将用户分组是 Linux 系统中对用户进行管理及控制访问权限的一种手段。每个用户都属于某个用户组；一个组中可以有多个用户，一个用户也可以属于不同的组。当一个用户同时是多个组中的成员时，在/etc/passwd 文件中记录的是用户所属的主组，也就是登录时所属的默认组，而其他组称为附加组。用户要访问属于附加组的文件时，必须首先使用newgrp 命令使自己成为所要访问的组中的成员。用户组的所有信息都存放在/etc/group文件中。用命令 cat /etc/group 打开此文件的详细信息，结果如下：

```
root::0:root
bin::2:root,bin
sys::3:root,uucp
adm::4:root,adm
daemon::5:root,daemon
lp::7:root,lp
users::20:root,sam
```

这些字段如下：

组名:口令:组标识号:组内用户列表

（1）"组名"是用户组的名称，由字母或数字构成。与/etc/passwd 中的登录名一样，组名不应重复。

(2)"口令"字段存放的是用户组加密后的口令字。一般 Linux 系统的用户组都没有口令,即这个字段一般为空,或是 *。

(3)"组标识号"与用户标识号类似,也是一个整数,被系统内部用来标识组。

(4)"组内用户列表"是属于这个组的所有用户的列表/b,不同用户之间用逗号(,)分隔。这个用户组可能是用户的主组,也可能是附加组。

3.3.3 软件包管理

常见软件包的种类有 *.rpm、*.Z、*.bz2、*.tar.gz、*.tar.bz2。

1. RPM 软件包管理器

在 Red Hat Linux 下,标准的软件包是通过 RPM 来进行管理的。RPM 的全名是 Red Hat Package Manager,是由 Red Hat 公司开发的软件包管理系统。使用 RPM 软件包管理系统有如下优点:

(1)安装、升级与删除软件包都很容易。

(2)查询非常简单。

(3)能够进行软件包的验证。

(4)支持源代码形式的软件包。

传统的 Linux 软件包大多是 tar.gz 文件格式,软件包下载后必须经过解压缩和编译操作后才能进行安装,对于一般用户或初级管理员就不是很方便了。

RPM 软件包通常是以 xxx.rpm 的格式命名的。一般,一个标准的 RPM 软件包的名字能够提示一些信息。例如,rhviewer-3.10a-13.i386.rpm,从这样一个名字的 RPM 软件包,可以知道,软件的名称是 rhviewer,版本是 3.10a,次版本是 13,运行的平台是 i386。

RPM 通常有 5 种方式来管理 RPM 软件包:安装、删除、升级、查询和验证。

1) 安装 rpm 包。

格式:

[root@localhost root]#rpm - ivh rhviewer - 3.10a - 13.i386.rpm

其中,使用到的参数 ivh 说明如下:

i:使用 RPM 的安装模式。

v:在安装的过程中显示安装的信息。

h:在安装的过程中输出#号。

另外,RPM 还能够通过 FTP 来进行远程安装,形式其实和本地安装差不多,只要在文件名的前面加上适当的路径就可以了:

#rpm - ivh ftp://xxxx/rhviewer - 3.10a - 13.i386.rpm

在安装过程中,可能会经常遇到以下几种情况:

(1)重复安装软件包。

如果要安装的软件之前已经安装过,就会在安装过程中出现以下错误信息:

#rpm - ivh rhviewer - 3.10a - 13.i386.rpm

```
package rhviewer - 3.10a - 13 is already installed
```

如果确定重新安装一次,可以加上--replacepkgs 参数:

```
♯rpm - ivh -- replacepkgs rhviewer - 3.10a - 13.i386.rpm
```

(2) 软件包中用到的某个文件已经被其他软件包安装。

这种情况可能最常出现,多个软件包都包含某个或某些文件,当安装了第一个软件包,再安装其他软件包的时候,就会出现以下错误:

```
♯rpm - ivh rhviewer - 3.10a - 13.i386.rpm
rhviewer /usr/bin/rhviewer conflicts with file from msviewer - 1.10b - 01
error: rhviewer - 3.10a - 13.i386.RPM cannot be installed
```

此时,可以用--replacefiles 参数:

```
♯rpm - ivh -- replacefiles rhviewer - 3.10a - 13.i386.rpm
```

(3) 软件包之间的相关性。

有时,一个软件包的作用要基于另外一个软件包,如果安装该软件包时候没有安装需要的另外一个软件包,就会有错误信息:

```
♯rpm - ivh rhviewer - 3.10a - 13.i386.rpm
failed dependencies: rhviewer is needed by rhpainter - 2.24 - 20
```

此时,建议先安装这个需要的软件包。不过,如果愿意尝试一下是否不安装这个需要的软件包是否也能够正常使用真正要安装的软件的话,可以加上--nodeps 参数:

```
♯rpm - ivh -- nodeps rhviewer - 3.10a - 13.i386.rpm
```

2) 删除 RPM 包

格式:

```
[root@localhost root]♯rpm - e rhviewer
```

注意:这里接的不是安装时候软件包的名字 rhviewer-3.10a-13.i386.rpm,而只要用 rhviewer 或 rhviewer-3.10a-13 就可以了。建议的方式是先用 RPM 查询要删除的软件,然后用该命令删除。

这里,常出现的错误提示,当要删除的软件包被其他软件包关联时候,就会出现错误提示:

```
♯rpm - e rhviewer
removing these packages would break dependencies: rhviewer is neededby rhpainter - 2.24 - 20
```

3) 升级 RPM 包

更新软件包的版本到最新版本,也是经常用到的。

格式:[root@localhost root]♯rpm —Uvh rhviewer—3.10a—13.i386.rpm。

升级软件的模式其实是先删除旧软件包,然后再安装新软件包。而且,还可以选择用这种升级的模式安装软件包,因为没有旧软件包的情况下,此升级方式仍然可正常运行。

如果系统中有旧版本存在,可以看到以下信息:

```
# rpm - Uvh rhviewer - 3.10a - 13.i386.rpm
saving /etc/rhviewer.conf as /etc/rhviewer.conf.rpmsave
```

如果要降低当前版本到更老的版本,一个办法就是删除该版本,然后再重新安装旧的版本,也可以用"--oldpackage"参数来进行"升级":

```
# rpm - Uvh -- oldpackage rhviewer - 3.10a - 13.i386.rpm
```

补充说明:

有一种升级的安装方式为"更新"。

```
# rpm - Fvh rhviewer - 3.10a - 13.i386.rpm
```

更新和普通升级的方式是,当系统中没有旧版本时,普通的升级安装仍然会安装该软件,而更新的模式就不会安装。

4) 查询 RPM 包

格式:

```
[root@localhost root] # rpm - q rhviewer
rhviewer - 3.10a - 13
```

如果忘记了要查询的软件名,可以用 rpm -qa 来显示所有已经安装的软件。更详细的软件信息,可以用"rpm -qi"来查询。

2. YUM:RPM 的前端程序,解决包依赖性,可以在过个库中定位软件包

1) YUM 命令的使用

YUM 命令的使用如下:

(1) yum list 查看 YUM 源软件包列表。

(2) yum install [-y] package 安装软件包。

(3) yum remove package 卸载软件包。

(4) yum update 升级安装的软件包。

(5) yum clean all 清除 YUM 产生的临时文件、记录等。

2) 配置额外 YUM 库

方法一:在/etc/yum.repos.d 目录下新建.repo 结尾的文件,内容格式如图 3-1 所示。

图 3-1　/etc/yum.repos.d/的.repo 文件内容

[repo-name] YUM 源的名字,可以自定义。

Name:yum 源的名字可以随便写,要求和上面中括号中的名字相同。

"baseurl:=http://"为 YUM 源的地址,支持"ftp://"、"http://"和"file://"。

Enable＝1 启用这个配置文件。

gpgcheck＝1 校验密钥。

gpgkey＝file:///etc/pki/rpm-gpg/RPM-GPG-KEY-redhat-release 是指定公钥的位置的，可选；如果不写这句，要运行 rpm -import/etc/pki/rpm-gpg/RPM-GPG-KEY-redhat-release。

方法二：直接修改/etc/yum.conf，格式按照上面的来。使用光盘搭建自己的 YUM 源。

3. ＊.rpm 包的安装

命令 rpm 可以安装软件包，查看已安装包的信息，还可以实现包的卸载命令如下：

（1）安装包为

```
#rpm - ivh *.rpm
```

（2）查包的信息为

```
#rpm - pqi *.rpm
```

（3）查包会向系统何处写入文件

```
#rpm - pql *.rpm
```

（4）查系统中所有包

```
#rpm - qa *.rpm
```

（5）卸载包

```
#rpm - e *.rpm
```

4. ＊.Z 包的安装

```
#compress - d *.Z
```

5. ＊.bz2 包的安装

```
#bzip2 - d *.bz2
```

6. ＊.gz 包的安装

```
#gzip - d *.gz
```

7. ＊tar.gz 包的安装

```
#tar - xzvf *tar.gz          //安装包
#tar - czvf a.tar.gz aaa bbb //将 aaa 与 bbb 打包成 a.tar.gz
#tar - cjvf b.tar.bz2 aaa bbb //将 aaa 与 bbb 打包成 b.tar.bz2
```

3.3.4 Linux 中的设备文件

Linux 把所有外部设备按其数据交换的特性分为三类，无论哪个类型的设备，Linux 都把它统一作为文件处理，可以像使用这些设备。

（1）字符设备是以字符为单位进行输入输出的设备，如打印机、显示终端。

（2）块设备是以数据块为单位进行输入输出的设备，如磁带、光盘等。

（3）网络设备是以数据包为单位进行数据交换的设备，如以太网卡。

把设备看成文件具有以下含义：

（1）每个设备具有一个文件名称，应用程序可以通过设备的文件名来访问具体的设备，同时要受到文件系统访问权限控制机制的保护。

（2）设备在内核中应该对应有一个索引节点。

（3）设备应该可以以文件的方式进行操作。

3.4 任 务 实 施

3.4.1 用户与组账号管理

1. 文本模式查看用户的账号文件

用命令 cat 可以查看账号文件，格式如下：

```
cat /etc/passwd
```

2. 创建用户 david 和 peter

用 useradd 命令创建用户 david 和 peter，并用 passwd 命令为 david 设置密码；

```
[root@rhe15 ~]# useradd david
[root@rhe15 ~]# useradd peter
[root@rhe15 ~]# passwd david(设置密码)
```

3. 设置用户账户属性

用命令 usermod，将用户 david 改名为 tom，格式如下：

```
[root@rhe15 ~]# usermod - l tom david
```

4. 将 tom 账户锁定

用 usermod 命令将 tom 用户锁定，参数为 L，格式如下：

```
[root@rhe15D ~]# usermod - L tom
```

5. 删除账户 tom

删除 tom，用命令 userdel，格式如下：

```
[root@rhe15 ~]# userdel - r tom
```

6. 切换用户身份 peter

用 su 命令，将 root 用户模式切换到 peter 用户模式下：

```
[root@rhe15~]#  su peter
```

7. 查看用户账号信息

用 finger 命令查看用户 peter 信息：

```
[root@rhe15 ~]# finger peter
```

8. 增加一个新的用户组 groupA,groupB

用 groupudd 命令,创建不同用户组,格式如下:

```
[root@rhe15 ~]# groupadd groupA
[root@rhe15 ~]# groupadd groupB
```

9. 将 peter 用户添加到群组 groupA

用 useradd,加参数 G,实现 Peter 用户加入到组 groupA 中去。

```
[root@rhe15 ~]# useradd － G group peter
```

10. 删除群组 groupA

用 groupdel 删除 groupA,格式如下:

```
[root@rhe15 ~]# groupdel groupA
```

3.4.2　设备管理

1. 磁盘限额步骤

(1) 启动 vi 来编辑/etc/fstab 文件。

(2) 把/etc/fstab 文件中的 home 分区添加用户和组的磁盘限额。

(3) 用 quotacheck 命令创建 aquota. user 和 aquota. group 文件 quotacheck -guva。

(4) 给用户 user01 设置磁盘限额功能 edquota -u user01。

(5) 将其 blocks 的 soft 设置为 4000hard 设置为 5000inodes 的设置为 4000hard 设置为 5000。

(6) 编辑完成后保存并退出,重新启动系统。

(7) 用 quotaon 命令启用 quota 功能 quotaon -ugva。

(8) 切换到用户 user01 查看自己的磁盘限额及使用情况。

2. U 盘挂载

用 mount 命令,挂载 U 盘/dev/sdb,挂载到/mnt 下,卸载用 umount 命令。

(1) 挂载 U 盘:

```
# mount /dev/sdb /mnt
```

(2) 卸载 U 盘:

```
# umount /mnt
```

3. 光盘挂载:/dev/cdrom 代表光盘,/u01 代表挂载点

用 mount 命令挂载光盘/dev/cdrom 并挂载到/u01 下:

(1) 光盘挂载。

```
# mount /dev/cdrom /u01
```

(2) 光盘卸载。

```
# umount /u01
```

3.4.3 系统信息命令的使用

1. 系统信息查看

（1）查看内核/操作系统/CPU 信息。

```
# uname - a
```

（2）查看操作系统版本。

```
# head - n 1 /etc/issue
```

（3）查看 CPU 信息。

```
# cat /proc/cpuinfo
```

（4）查看计算机名。

```
# hostname
```

（5）列出所有 PCI 设备。

```
# lspci - tv
```

（6）列出所有 USB 设备。

```
# lsusb - tv
```

（7）列出加载的内核模。

```
# lsmod 块
```

（8）查看环境变量。

```
# env
```

2. 资源信息的查看

（1）查看内存使用量和交换区使用量。

```
# free - m
```

（2）查看各分区使用情况。

```
# df - h
```

（3）查看指定目录的大小。

```
# du - sh <目录名>
```

（4）查看内存总量。

```
# grep MemTotal /proc/meminfo
```

（5）查看空闲内存量。

```
# grep MemFree /proc/meminfo
```

管理 *Linux* 操作系统

(6) 查看系统运行时间、用户数、负载。

uptime

(7) 查看系统负载。

cat /proc/loadavg

3. 磁盘和分区信息的查看

(1) 查看挂接的分区状态。

mount | column - t

(2) 查看所有分区。

fdisk - l

(3) 查看所有交换分区。

swapon - s

(4) 查看磁盘参数（仅适用于 IDE 设备）。

hdparm - i /dev/hda

(5) 查看启动时 IDE 设备检测状况。

dmesg | grep IDE

4. 用户信息的查看

(1) 查看活动用户。

w

(2) 查看指定用户信息。

id <用户名>

(3) 查看用户登录日志。

last

(4) 查看系统所有用户。

cut - d: - f1 /etc/passwd

(5) 查看系统所有组。

cut - d: - f1 /etc/group

(6) 查看当前用户的计划任务。

crontab - l

3.4.4 软件包管理

1. 创建 TAR 包

将/etc 下所有文件打包,并形成 etc.tar 归格文件,如下:

```
[root@rhel5～]# tar - cvf etc.tar /etc
```

2. 创建压缩 TAR 包

将/etc 下所有文件打包并压缩,并形成 etc.tar.gz 文件;格式如下:

```
[root@rhel5～]# tar - zcvf etc.tar.gz /etc
```

3. 查询 TAR 包中的文件列表

用参数 tvf 可以查询包的文件列表,格式如下:

```
[root@rhel5～]# tar - tvf etc.tar [root@rhel4 ～]# tar - tvf etc.tar.gz
```

4. 还原 TAR 包

用 tar 命令,加参数 xvf 可以解开打包文件:

```
[root@rhel5～]# tar - xvf etc.tar
[root@rhel5～]# tar - zvf etc.tar.gz
```

gzip 也可以解压文件,格式如下:

```
[root@rhel5～]# gzip - d etc.tar.gz
```

5. 查看所有安装的软件包

用命令 rpm 可以查询所安装的软件包,格式如下:

```
[root@rhel5～]# rpm - qa
```

3.5 习题与实训

3.5.1 思考与习题

简答题

(1) Linux 系统是如何标识用户和组的?

(2) 举例说明创建一个用户账户。

3.5.2 实训

1. 实训目的

(1) 掌握为 root 用户修改密码的方法。

(2) 掌握创建新用户的方法。

(3) 掌握用户组的管理方法。

(4) 掌握为用户授权的方法。

管理 Linux 操作系统

2. 实验内容

(1) Linux 的用户管理

① 添加/创建一个新用户 student。

② 为用户 student 设置口令 123456。

③ 到虚拟控制台练习 student 用户的注册与注销操作。

④ 用 who 命令显示登录到系统上的用户。

⑤ 删除用户 student。

(2) Linux 的用户组管理

① 新建两个组 stgroup1,stgroup2。

② 创建 3 个用户 student01,student02,student03。

③ 将 student01,student02 划归到组 stgroup1 组,student03 划归到组 stgroup2 组。

④ 删除组 stgroup2。

(3) 软件包的使用。

3. 实训总结

提交实训报告。

项目 4 配置与管理 Samba 服务器

4.1 任 务 描 述

使用 Samba 搭建文件服务器,需要建立公共共享目录,允许所有人访问,权限为只读。同时,为销售部和技术部分别建立单独的目录,只允许总经理和相应部门员工访问,并且公司员工无法在网络邻居查看到非本部门的共享目录。

4.2 任 务 分 析

主管:总经理 master。

销售部:销售部经理 mike、员工 sky、员工 jane。

技术部:技术部经理 tom、员工 sunny、员工 bill。

建立公共的共享目录,使用 public 字段很容易实现匿名访问。但是,公司要求只允许本部门访问自己的目录,其他部门的目录不可见。这需要设置目录共享字段 browsable=no,以实现隐藏功能。这样设置,所有用户都无法查看该共享。此时,需要考虑建立独立配置文件,以满足不同员工访问需要。可以为每个部门建立一个组,并为每个组建立配置文件,实现隔离用户的目标。

4.3 知 识 储 备

4.3.1 Samba 概述

Samba 是一组软件包,使 Linux 支持 SMB 协议,该协议是在 TCP/IP 上实现的,它是 Windows 网络文件和打印共享的基础,负责处理和使用远程文件和资源。

4.3.2 Samba 服务工作原理

1. SMB 协议

SMB(Server Message Block)协议是用来在微软公司的 Windows 操作系统之间共享文件和打印机的一种协议。Samba 使用 SMB 协议在 Linux 和 Windows 之间共享文件和打印机。

2. SMB 功能

利用 Samba 可以实现如下功能:

（1）把 Linux 系统下的文件共享给 Windows 系统。

（2）在 Linux 系统下访问 Windows 系统的共享文件。

（3）把 Linux 系统下安装的打印机共享给 Windows 系统使用。

（4）在 Linux 系统下访问 Windows 系统的共享打印机。

3. Samba 软件

Samba 是用来实现 SMB 协议的一种软件，由澳大利亚的 Andew Tridgell 开发，是一套让 UNIX 系统能够应用 Microsoft 网络通信协议的软件。

4.3.3 Samba 服务器的文件

1. smb.conf 文件

smb.conf 文件默认存放在/etc/samba 目录中。Samba 服务在启动时会读取 smb.conf 文件中的内容，以决定如何启动、提供服务以及相应的权限设置、共享目录、打印机和机器所属的工作组等各项细致的选项。

smb.conf 文件分为全局配置（Global Settings）和共享定义（Share Definitions）两部分。全局配置部分定义的参数用于定义整个 Samba 服务器的总体特性。共享定义部分用于定义文件及打印共享。在共享定义部分又分为很多个小节，每一个节定义一个共享文件或共享打印服务。

1）全局配置

全局配置如下：

（1）password server＝＜NT-Server-Name＞：设置提供身份验证的服务器。

（2）encryptpasswords＝yes：设置身份验证中传输的密码是否加密。

（3）smb passwd file＝/etc/samba/smbpasswd：设置提供用户身份验证的密码文件。

（4）username map＝/etc/samba/smbusers：指定用户映射文件。

（5）socket options＝TCP_NODELAY SO_RCVBUF＝8192 SO_SNDBUF＝8192：提高服务器的执行效率。

interfaces＝192.168.12.2/24 192.168.13.2/24：指定 Samba 服务器使用的网络接口。

（6）local master＝no：设置是否允许 nmbd 守护进程成为局域网中的主浏览器。

（7）os level＝33：设置 Samba 服务器参加主浏览器选举的优先级。

（8）domain master＝yes：将 Samba 服务器定义为域的主浏览器。

domain logons＝yes：如果想使 Samba 服务器成为 Windows 95 等工作站的登录服务器，使用此选项。

（9）wins support＝yes：设置是否使 Samba 服务器成为网络中的 WINS 服务器。

wins proxy＝yes：设置 Samba 服务器是否成为 WINS 代理。

（10）dns proxy＝no：设置 Samba 服务器是否通过 DNS 的 nslookup 解析主机的 NetBI。

（11）在全局配置中安全参数 security 有 4 个值，分别是 share、user、server 和 domain，定义了 samba 的基本安全级，通常是 user。

① security＝user 是 samba 的默认配置，要求用户在访问共享资源之前资源必须先提供用户名和密码进行验证。

user 进行访问之前要输入有效的用户名及口令，Samba 的 user 级共享实现方法如下：

- 创建文件夹目录；
- 修改[global]段内容：

```
vi /etc/samba/smb.conf
改 security = user
```

- 添加用户：

```
useradd tom
```

- 添加 Samba 用户和密码：

```
smbpasswd - a 用户名(tom)
```

② security＝share 是几乎没有安全性的级别，任何用户都可以不要用户名和口令访问服务器上的资源。

③ security＝server 和 user 安全级类似，但用户名和密码是递交到另外一个 SMB 服务器去验证，如递交给一台 NT 服务器。如果递交失败，就退到 user 安全级，从用户端看来，server 和 user 两个级别是没什么分别的。在 server 安全级别中，可指定另一台 Windows 系统主机（在域中常为域控制站）来完成对 Samba 服务器用户账号及其密码的检测。在该安全级别下，用户从 Windows 系统主机登录并访问 Samba 服务器所提供的共享资源，将登录时的用户账号及其密码传送给 Samba 服务器，Samba 服务器根据所提供的信息向 password server 来验证是否正确。

④ security＝domain 安全级别要求网络上存在一台 NT PDC，samba 把用户名和密码递交给 NT PDC 验证。在 domain 安全级别中，需要指定另一台 Windows（Windows NT/2000/XP）系统服务器，来完成对 Samba 服务器用户账号及其密码检测。这样就可以将验证用户账号及密码的功能交给域控制器来完成，不需要在 Samba 服务器上为每个访问者设置用户账号及其密码。要想实现这一目的，首先必须将 Samba 服务器加入 Windows（Windows NT/2000/XP）系统所在的域。完成该操作后再执行 Samba 服务器端加载命令。

第一步：将 Samba 服务器加入到 Samba 组中，并指定密码文件存放的主机 Domain_machine。

第二步：使用 vi 编辑器，对 smb.conf 文件进行相关的配置编辑。

第三步：修改并保存 smb.conf 文件完毕后，对 Samba 服务器进行重新启动。

从用户端看来，user 级以上的安全级其实是没有区别的，只是服务器验证的方式不同，但这三种安全级都要求用户在本 Linux 机器上也要系统账户。否则是不能访问的。

在 share 安全级别中，虽然访问用户不需要用户账号及其密码的检测便可登录服务器，但这并不是说所有用户都可以访问 Samba 服务器上的共享资源。管理员仍然可以自行设置某些资源只允许个别访问用户来使用。

2) 共享配置

(1)[homes]节。

```
[homes]                           //访问共享时看到的文件夹名
comment = Home Directories        //对该共享资源的描述性信息
browseable = no                   //指定该共享资源是否可以浏览
```

```
writable = yes                  //指定 Samba 客户端在访问该共享资源时,是否可以写入定义定义
```

(2)〔printers〕节。

```
comment = All Printers          //对打印机共享的描述性信息
path = /var/spool/samba         //指定打印队列的存储位置
browseable = no                 //设置是否可以浏览
guest ok = no                   //设置是否可以允许 guest 用户访问
writable = no                   //设置是否可以写入
printable = yes                 //设置用户是否可以打印
```

(3)〔public〕节。

```
path = /usr/somewhere/else/public   //设置共享目录的位置
public = yes                        //设置是否允许 guest 用户访问
only guest = yes                    //设置是否只允许 guest 用户访问
writable = yes                      //设置是否可以写入
printable = no                      //设置是否可以打印
```

在 smb.conf 文件的共享定义部分除了上面的内容之外,还有其他的很多用户自定义的节。除了 homes 节之外,在 Windows 客户端看到的 Samba 共享名称即为节的名称。常见的用于定义共享资源的参数如表 4-1 所示。

表 4-1 smb.conf 文件中常用的共享资源参数

参　　数	说　　明	举　　例
comment	设置对共享资源的描述信息	comment＝mlx's share
path	设置共享资源的路径	path＝/share
writeable	设置共享路径是否可以写入	writeable＝yes
browseable	设置共享路径是否可以浏览	browseable＝no
available	设置共享资源是否可用	available＝no
read only	设置共享路径是否为只读	read only＝yes
public	设置是否允许 guest 账户访问	public＝yes
guest account	设置匿名访问账号	guest account＝nobody
guest ok	设置是否允许 guest 账号访问	guest ok＝no
guest only	设置是否只允许 guest 账号访问	guest only＝no
read list	设置只读访问用户列表	read list＝userl,@jw
write list	设置读写访问用户列表	write list＝userl,@jw
valid users	设置允许访问共享资源的用户列表	valid users＝userl,@jw
invalid users	设置不允许访问共享资源的用户列表	invalid users＝userl,@jw

2. Samba 日志文件

Samba 服务的日志默认存放在/var/log/samba 中,Samba 服务为所有连接到 Samba 服务器的计算机建立单独的日志文件,同时也将 NMB 服务和 SMB 服务的运行日志分别写入 nmbd.log 和 smbd.log 日志文件中。管理员可以根据这些日志文件查看用户的访问情况和服务的运行。

3. Samba 密码文件

Samba 服务的密码文件是/etc/samba/smbpasswd。该文件中存储的密码是加密的,无法用 Vi 编辑器进行编辑。默认情况下该文件并不存在,可以使用以下两种方法创建。

（1）使用 smbpasswd 命令添加单个的 Samba 账户。

（2）使用 mksmbpasswd.sh 脚本成批添加 Samba 账户。

使用 smbpasswd 命令添加单个的 Samba 账户 smbpasswd 命令的格式如下：

smbpasswd [参数选项] 账户名称

常见参数选项如下：

-a：向 smbpasswd 文件中添加账户，该账户必须存在于/etc/passwd 文件中。

-x：从 smbpasswd 文件中删除账户。

-d：禁用某个 Samba 账户，但并不将其删除。

-e：恢复某个被禁用的 Samba 账户。

-n：该选项将账户的口令设置为空。

-r remote-machine-name：该选项允许用户指定远程主机。

-U username：和"-r"连用，指定欲修改口令的账户。

在使用 smbpasswd 命令添加 Samba 账户时，该系统账户必须存在，如果不存在，可以使用 useradd 命令添加。

4.3.4 Samba 用户映射

用户映射通常是在 Windows 和 Linux 主机之间进行。两个系统拥有不同的用户账号，用户映射就是将不同的用户映射成为一个用户。做了映射之后的 Windows 账号，在使用 Samba 服务器上的共享资源时，就可以直接使用 Windows 账号进行访问。

默认情况下/etc/samba/smbusers 文件为指定的映射文件。该文件每一行的格式如下：

Linux 账户 = 要映射的 Windows 账户列表

注意：Windows 中的各用户之间用空格分隔。

4.4 任 务 实 施

4.4.1 Samba 配置流程

1. Samba 的安装

（1）Samba 服务软件：samba-3.0.33-3.14.e15.i386.rpm。

（2）Samba 客户端软件：samba-client-3.0.33-3.14.e15.i386.rpm。

（3）包括 Samba 服务器和客户端均需要的文件：samba-common-3.0.33-3.14.i386.rpm。

以上软件的安装有依赖性问题，可以用 yum 来解决依赖性问题，用以下命令：

（1）挂载光盘：

mount /dev/cdrom /mnt

（2）设置 yum 所安装软件包的路径为 vi /etc/yum.repos.d/rhel-debuginfo.repo。该命令打开的文件修改这两行文字：

baseurl = file:///mnt/Server

enable = 1;

（3）利用 yum 安装软件包命令：

```
yum install samba - *
```

如果需要通过图形界面配置 smb，则需要用命令安装图形界面软件包：

```
yum install system - config - samba - 1.2.41 - 5.e15.noarch.rpm
```

2. Smaba 文件共享的设置

1）准备工作

（1）建立共享目录。

```
#mkdir /share
#mkdir /sales
#mkdir /tech
```

（2）创建用户和组。

先建立销售组 sales，技术组 tech，然后使用 useradd 命令添加经理账号 master，并将员工账号加入到不同的用户组。

```
[root@localhost ~]#groupadd sales
[root@localhost ~]#groupadd tech
[root@localhost ~]#useradd master
[root@localhost ~]#useradd -g sales mike
[root@localhost ~]#useradd -g sales sky
[root@localhost ~]#useradd -g sales jane
[root@localhost ~]#useradd -g sales tom
[root@localhost ~]#useradd -g sales sunny
[root@localhost ~]#useradd -g tech bill
```

2）修改配置文件

（1）建立配置文件。

用户配置文件使用用户名命名，组配置文件使用组名命名。

```
[root@localhost ~]#cp smb.conf master.smb.conf
[root@localhost ~]#cp smb.conf sales.smb.conf
[root@localhost ~]#cp smb.conf tech.smb.conf
```

（2）设置主配置文件 smb.conf。

① 首先使用 vi 编辑器打开 smb.conf。

```
[root@localhost ~]#vi smb.conf
```

② 编辑主配置文件，添加相应字段，确保 Samba 服务器回调用独立的用户配置文件，以及组配置文件。

```
[global]
    Workgroup = WORKGROUP
    Server string = file server
    Security = user
```

```
    Include = /etc/samba/ % . u . smb . conf
    Include = /etc/samba/ % . g . smb . conf
[public]
    Comment = public
    Path = /share
    Public = Yes
```

（3）创建配置文件。

① 使 Samba 服务器加载/etc/samba 目录下，格式为"用户名. SMB. CONF"的配置文件。

② 保证 Samba 服务器加载格式为"组名. SMB. CONF"的配置文件。

③ 设置总经理 master 配置文件。

使用 vi 编辑器修改 master 账号配置文件 maser. smb. conf. 如下：

```
[global]
    Workgroup = WORKGROUP
    Server string = file server
    Security = user
[public]
    Comment = public
    Path = ./Share
    Public = yes
[sales]
    Comment = sales
    Path = /sales
    Valid users = master
[tech]
    Comment = tech
    Path = /tech
    Valid users = master
```

添加共享目录 sales，指定 samba 服务器存放路径，并添加 valid users 字段，设置访问用户为 master 账号。

为了使 master 账号访问技术部的目录 tech，还需要添加 tech 目录共享，并设置 valid users 字段，允许 master 访问。

④ 设置销售组 sales 配置文件。

编辑配置文件 sales. smb. conf，注意 global 全局配置以及共享目录 public 的设置，保持和 master 一样，因为销售组仅允许访问 sales 目录，所以只添加 sales 共享目录设置即可，具体如下：

```
[sales]
    Comment = sales
    Path = /sales
    Valid users = @ sakes . master
```

⑤ 设置技术组 tech 的配置文件。

编辑 tech. smf. conf 文件，全局配置和 public 配置与 sales 对应字段相同，添加 tech 共享设置，具体如下：

```
[tech]
    Comment = tech
    Path = /tech
    Valid users = @tech.master
```

3）添加 samba 用户

```
smbpasswd  -a  用户名
```

4）启动 smb 服务

```
service  smb  start
```

5）以用户验证方式登录共享资源

通过 Windows XP 客户端系统访问 linux 共享资源。在运行输入框中输入 smb 服务器的 IP 地址，并通过用户验证访问共享资源；

（1）开始→运行→\\linux 系统的 IP 地址。

（2）用户验证：用户名，密码。

（3）验证此用户对共享资源的访问权限。

4.4.2 samba 配置实例

1. 准备工作：用户和目录的创建

（1）添加用户，设置密码，如图 4-1 所示。

图 4-1 用户和目录的创建

（2）创建组 1022211，并将用户 user2011 加入到组里，创建 sale 文件夹，如图 4-2 所示。

（3）设置文件夹的群组属性，如图 4-3 所示。

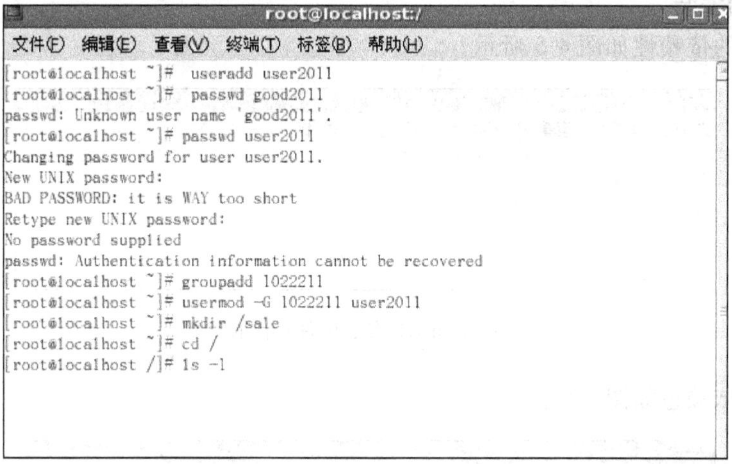

```
[root@localhost ~]#  useradd user2011
[root@localhost ~]#  passwd good2011
passwd: Unknown user name 'good2011'.
[root@localhost ~]# passwd user2011
Changing password for user user2011.
New UNIX password:
BAD PASSWORD: it is WAY too short
Retype new UNIX password:
No password supplied
passwd: Authentication information cannot be recovered
[root@localhost ~]# groupadd 1022211
[root@localhost ~]# usermod -G 1022211 user2011
[root@localhost ~]# mkdir /sale
[root@localhost ~]# cd /
[root@localhost /]# ls -l
```

图 4-2　组用户的创建

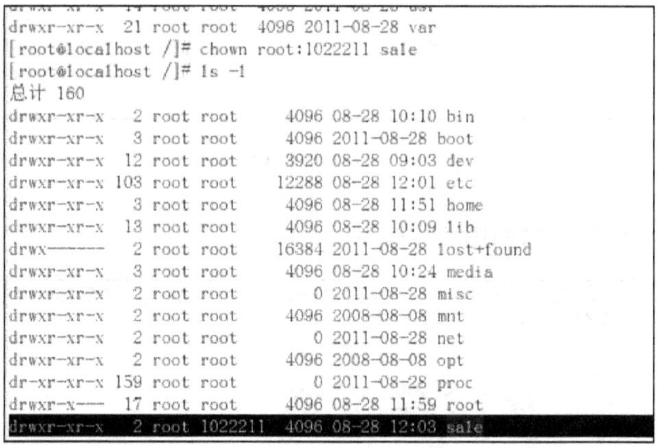

```
drwxr-xr-x  21 root root   4096 2011-08-28 var
[root@localhost /]# chown root:1022211 sale
[root@localhost /]# ls -l
总计 160
drwxr-xr-x   2 root root      4096 08-28 10:10 bin
drwxr-xr-x   3 root root      4096 2011-08-28 boot
drwxr-xr-x  12 root root      3920 08-28 09:03 dev
drwxr-xr-x 103 root root     12288 08-28 12:01 etc
drwxr-xr-x   3 root root      4096 08-28 11:51 home
drwxr-xr-x  13 root root      4096 08-28 10:09 lib
drwx------   2 root root     16384 2011-08-28 lost+found
drwxr-xr-x   3 root root      4096 08-28 10:24 media
drwxr-xr-x   2 root root         0 2011-08-28 misc
drwxr-xr-x   2 root root      4096 2008-08-08 mnt
drwxr-xr-x   2 root root         0 2011-08-28 net
drwxr-xr-x   2 root root      4096 2008-08-08 opt
dr-xr-xr-x 159 root root         0 2011-08-28 proc
drwxr-x---  17 root root      4096 08-28 11:59 root
drwxr-xr-x   2 root 1022211   4096 08-28 12:03 sale
```

图 4-3　结果显示文件夹属性

(4) 设置 sale 权限如图 4-4 所示。

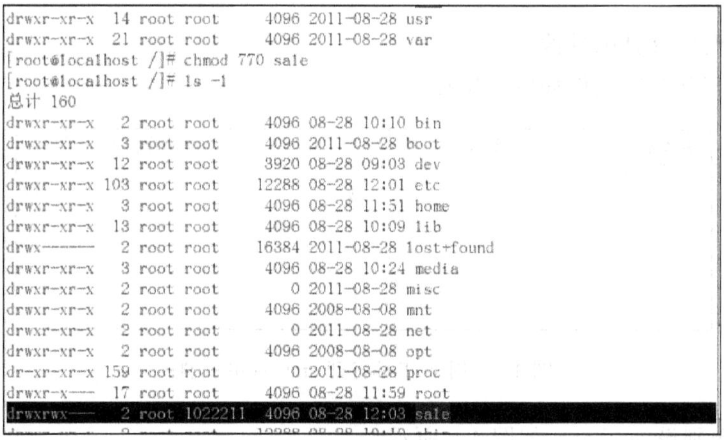

```
drwxr-xr-x  14 root root      4096 2011-08-28 usr
drwxr-xr-x  21 root root      4096 2011-08-28 var
[root@localhost /]# chmod 770 sale
[root@localhost /]# ls -l
总计 160
drwxr-xr-x   2 root root      4096 08-28 10:10 bin
drwxr-xr-x   3 root root      4096 2011-08-28 boot
drwxr-xr-x  12 root root      3920 08-28 09:03 dev
drwxr-xr-x 103 root root     12288 08-28 12:01 etc
drwxr-xr-x   3 root root      4096 08-28 11:51 home
drwxr-xr-x  13 root root      4096 08-28 10:09 lib
drwx------   2 root root     16384 2011-08-28 lost+found
drwxr-xr-x   3 root root      4096 08-28 10:24 media
drwxr-xr-x   2 root root         0 2011-08-28 misc
drwxr-xr-x   2 root root      4096 2008-08-08 mnt
drwxr-xr-x   2 root root         0 2011-08-28 net
drwxr-xr-x   2 root root      4096 2008-08-08 opt
dr-xr-xr-x 159 root root         0 2011-08-28 proc
drwxr-x---  17 root root      4096 08-28 11:59 root
drwxrwx---   2 root 1022211   4096 08-28 12:03 sale
```

图 4-4　图中阴影一行：Sale 权限

2. 软件的安装

（1）软件的依赖性如图 4-5 所示。

图 4-5　rpm-ivh 安装软件：有依赖性

（2）安装依赖包如图 4-6 所示。

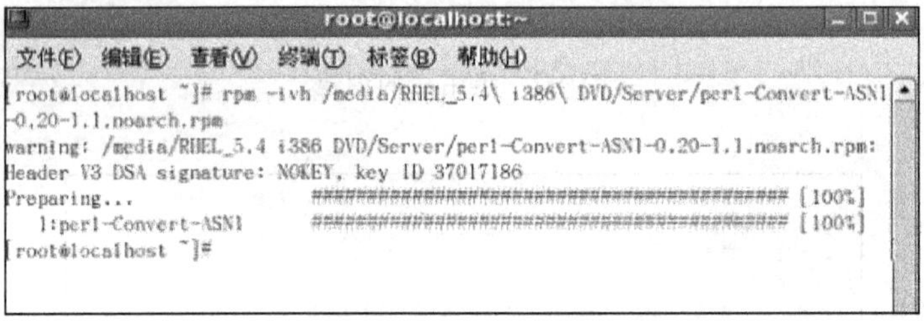

图 4-6　安装依赖包 Perl

（3）安装 samba 服务器包如图 4-7 所示。

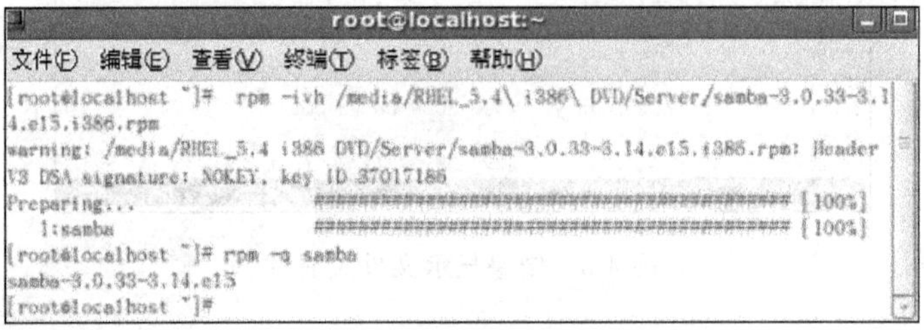

图 4-7　成功安装 samba 包

3. samba 配置文件的修改

（1）用 vi 打开配置文件如图 4-8 所示。

图 4-8　用 vi 工具打开 smb.conf 文件

（2）安全级别设为 share，如图 4-9 所示。

（3）建立共享目录并再次进入 smb.conf，如图 4-10 所示。

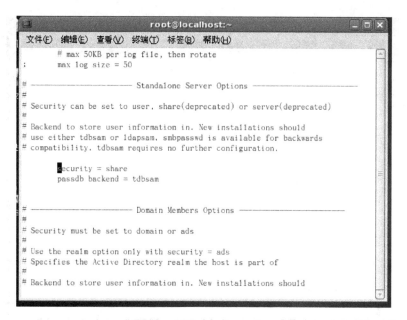

图 4-9　设置 security＝share

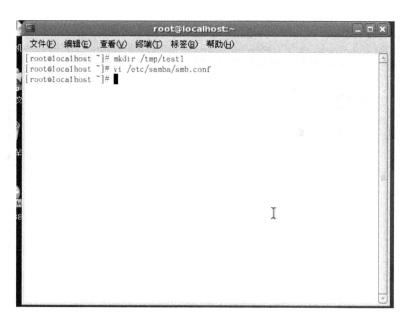

图 4-10　再次用 vi 打用文件

（4）配置共享目录的访问权限并保存退出 vi，如图 4-11 所示。

（5）启动 smb 服务如图 4-12 所示。

（6）为网卡配置静态 IP 地址如图 4-13 所示。

（7）为 Windows 端的客户机配置 IP 地址。（必须两系统的 IP 地址在一网段内）如图 4-14 所示。

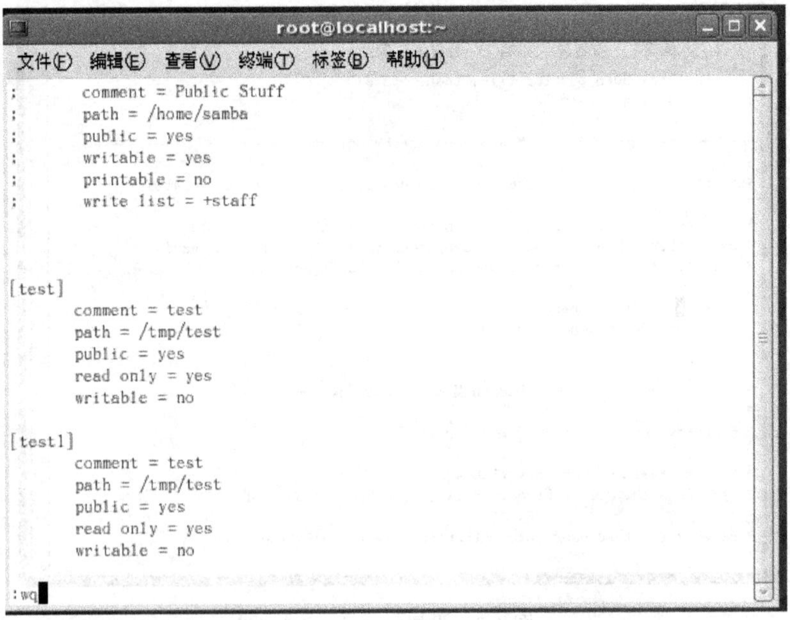

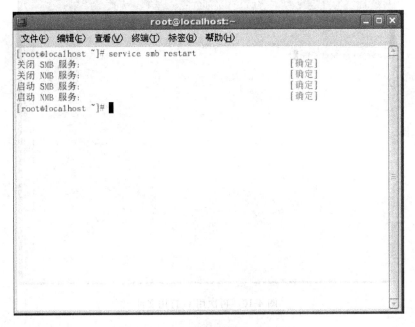

图 4-11　设置 test 与 test1 的访问权限并保存退出

图 4-12　service 命令启动 smb 服务

(8) 两机的连通性如图 4-15 所示。

(9) 通过客户端的运行窗口输入 smb 服务器的 IP 地址,如图 4-16 所示。

(10) 成功进入 smb 服务器的共享目录,如图 4-17 所示。

图 4-13　smb 服务器 IP 地址设：192.168.1.1

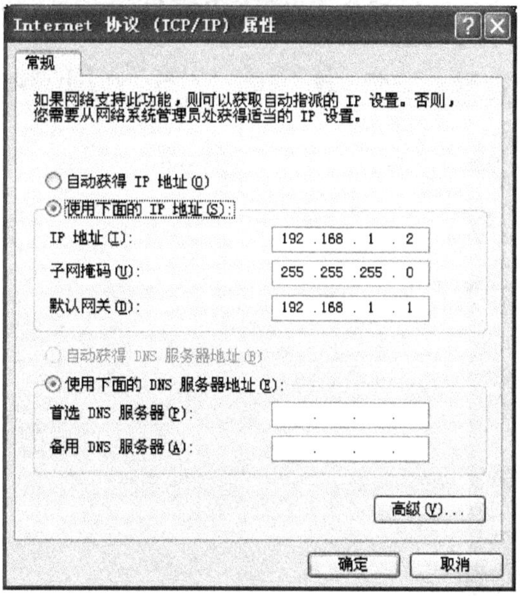

图 4-14　设置客户端 IP 地址和网关地址

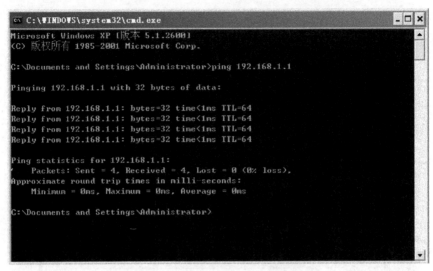

图 4-15　服务器与客户机连通测试

图 4-16　客户端运行输入服务器 IP 地址

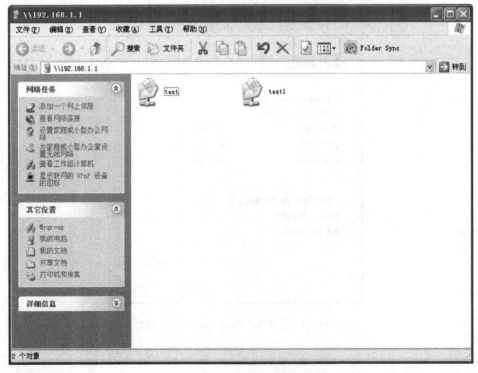

图 4-17　成功进入 smb 服务器共享目录

4.5 习题与实训

4.5.1 思考与习题

1. 填空题

（1）Samba 可以定位为一套极为强大的_____。所谓_____就是将档案伺服主机上的目录分享出来，让用户可以透过网络对分享出来的目录里的档案，做执行、读取、写入等动作。

（2）Samba 有 4 种安全级，分别为_____、_____、_____和_____。

（3）重启 Samba 的命令为_____。

2. 选择题

（1）_____安全级别不需要账号和密码。

    A. Share   B. user   C. domain   D. server

（2）_____是 Samba 默认使用的安全级

    A. Share   B. user   C. domain   D. server

4.5.2 实训

1. 实训目的

掌握 Samba 服务器的配置。

2. 实验内容

（1）建立各部门专用目录。

（2）添加用户和组。

（3）添加 Samba 用户。

（4）Samba 的安装。

（5）配置文件的修改。

（6）添加 samba 用户：

```
smbpasswd -a 用户名
```

（7）启动 smb 服务：

```
service smb start
```

（8）以用户验证方式登录共享资源：通过 Windows XP 客户端系统访问 Linux 共享资源。

① 开始→运行→\\linux 系统的 IP 地址。

② 用户验证：用户名，密码。

③ 验证此用户对共享资源的访问权限。

3. 实训总结

提交实训报告。

配置与管理 samba 服务器

项目 5 | 配置与管理 DHCP 服务器

5.1 任 务 描 述

由于需要,在局域网中以 jimu.com 为域名构建公司的网络平台,季目开关制造公司要求搭建以下基于 Linux 平台的务器,具体要求如下:

(1) 假设 DHCP 服务器 IP 地址为 192.168.X.1。

(2) 完成如下 DHCP 服务器配置要求:

- 地址范围为 192.168.X.1～192.168.X.254;
- 排除地址为 192.168.X.101～192.168.X.110;
- 保留地址为某台计算机保留 192.168.X.100。

(3) 同时分配其他选项。

(4) DNS 服务器的域名为 dns.jimu.com,IP 为 192.168.X.1。

(5) Default Gateway 为 192.168.X.1。

(6) 租期为 2 天。

5.2 任 务 分 析

(1) 能够规划 DHCP 的方案。

(2) 能够安装、配置 DHCP 服务器,实现 IP 地址的动态分配。

5.3 知 识 储 备

5.3.1 DHCP 概述

动态主机分配协议(DHCP)是一个简化主机 IP 地址分配管理的 TCP/IP 标准协议。用户可以利用 DHCP 服务器管理动态的 IP 地址分配及其他相关的环境配置工作(如 DNS、WINS、Gateway 的设置)。

在使用 TCP/IP 协议的网络中,每一台计算机都拥有唯一的计算机名和 IP 地址。IP 地址(及其子网掩码)使用与鉴别所连接的主机和子网,当用户将计算机从一个子网移动到另一个子网时,一定要改变该计算机的 IP 地址。如采用静态 IP 地址的分配方法将增加网络管理员的负担,而 DHCP 可以让用户将 DHCP 服务器中的 IP 地址数据库中的 IP 地址动态的分配给局域网中的客户机,从而减轻了网络管理员的负担。用户可以利用 Windows

2000 服务器提供的 DHCP 服务在网络上自动的分配 IP 地址及相关环境的配工作。

在使用 DHCP 时,整个网络至少有一台 NT 服务器上安装了 DHCP 服务,其他要使用 DHCP 功能的工作站也必须设置成利用 DHCP 获得 IP 地址。使用 DHCP 服务器把 TCP/IP 网络设置集中起来,动态处理工作站的 IP 地址配置,用 DHCP 租约和预约的 IP 地址相联系,DHCP 租约提供了自动在 TCP/IP 网络上安全地分配和租用 IP 地址的机制,实现 IP 地址的集中式管理,从而基本上不需要网络管理员的人为干预。

5.3.2 DHCP 的工作原理

DHCP 使用客户端/服务器(Client/Server)模型。网络管理员建立一个或多个维护 TCP/IP 配置信息,并将其提供给客户端的 DHCP 服务器。服务器数据库包含以下信息。

(1)网络上所有客户端的有效配置参数。

(2)在指派到客户端的地址池中维护的有效 IP 地址,以及用于手动指派的保留地址。

(3)服务器提供的租约持续时间。

通过在网络上安装和配置 DHCP 服务器,启用 DHCP 的客户端可在每次启动并加入网络时动态地获得其 IP 地址和相关配置参数。DHCP 服务器以地址租约的形式将该配置提供给发出请求的客户端。

在以下三种情况下,DHCP 客户机将申请一个新的 IP 地址。

(1)计算机第一次以 DHCP 客户机的身份启动。

(2)DHCP 客户机的 IP 地址因某种原因(如租约期到了,或断开连接了)已经被服务器收回,并提供给其他 DHCP 客户机使用。

(3)DHCP 客户机自行释放已经租用的 IP 地址,要求使用一个新的 IP 地址。

DHCP 客户机申请一个新的 IP 地址的总体过程如下。

(1)DHCP 客户机设置为“自动获得 IP 地址”后,因为还没有 IP 地址与其绑定,此时称为处于“未绑定状态”。这时的 DHCP 客户机只能提供有限的通信能力,如可以发送和广播消息,但因为没有自己的 IP 地址,所以自己无法发送单播的消息。

(2)DHCP 客户机试图从 DHCP 服务器“租借”一个 IP 地址,这时 DHCP 客户机进入“初始化状态”。这个未绑定 IP 地址的 DHCP 客户机会向网络上发出一个源 IP 地址为广播地址 0.0.0.0 的 DHCP 探索消息,寻找 DHCP 服务器可以为它分配一个 IP 地址。

(3)子网络上的所有 DHCP 服务器收到这个探索消息。各 DHCP 服务器确定自己是否有权为该客户机分配一个 IP 地址。

(4)确定有权为对应客户机提供 DHCP 服务后,DHC 服务器开始响应,并向网络广播一个 DHCP 提供消息,包含了未租借的 IP 地址信息以及相关的配置参数。

(5)DHCP 客户机会评价收到的 DHCP 服务器提供的消息并进行两种选择。一是认为该服务器提供对 IP 地址的使用约定(称为“租约”)可以接受,就发送一个请求消息,该消息中指定了自己选定的 IP 地址并请求服务器提供该租约。还有一种选择是拒绝服务器的条件,发送一个拒绝消息,然后继续从步骤(1)开始执行。

(6)DHCP 服务器在收到确认消息后,根据当前 IP 地址的使用情况以及相关配置选项,对允许提供 DHCP 服务的客户机发送一个确认消息,其中包含所分配的 IP 地址及相关 DHCP 配置选项。

（7）客户机在收到 DHCP 服务器的消息后，绑定该 IP 地址，进入"绑定状态"。这样客户机就有了自己的 IP 地址，就可以在网络上进行通信了。

5.3.3　DHCP 中继代理原理

DHCP 中继代理是指在 DHCP 服务器和 DHCP 客户机之间转发 DHCP 消息的主机或路由器。

在大型的网络中，存在多个子网。DHCP 客户机通过网络广播消息获得 DHCP 服务器的响应后得到 IP 地址，但广播消息是不能跨越子网的。因此，如果 DHCP 客户机和服务器在不同的子网内，客户机还能不能向服务器申请 IP 地址呢？这就要用到 DHCP 中继代理。DHCP 中继代理实际上是一种软件技术，安装了 DHCP 中继代理的计算机称为 DHCP 中继代理服务器，承担不同子网间的 DHCP 客户机和服务器的通信任务。

中继代理是在不同子网上的客户端和服务器之间中转 DHCP/BOOTP 消息的小程序。根据征求意见文档（RFC），DHCP/BOOTP 中继代理是 DHCP 和 BOOTP 标准和功能的一部分。

在 TCP/IP 网络中，路由器用于连接称为"子网"的不同物理网段上使用的硬件和软件，并在每个子网之间转发 IP 数据包。要在多个子网上支持和使用 DHCP 服务，连接每个子网的路由器应具有在 RFC 1542 中描述的 DHCP/BOOTP 中继代理功能。

要符合 RFC 1542 并提供中继代理支持，每个路由器必须能识别 BOOTP 和 DHCP 协议消息并相应处理（中转）这些消息。由于路由器将 DHCP 消息解释为 BOOTP 消息（如通过相同的 UDP 端口编号发送，并包含共享消息结构的 UDP 消息），具有 BOOTP 中继代理能力的路由器可中转网络上发送的 DHCP 数据包和任何 BOOTP 数据包。

如果路由器不能作为 DHCP/BOOTP 中继代理运行，则每个子网都必须有在该子网上作为中继代理运行的 DHCP 服务器或另一台计算机。如果配置路由器支持 DHCP/BOOTP 中继不可行或不可能，可以通过安装 DHCP 中继代理服务来配置运行 Windows NT Server 4.0 或更高版本的计算机充当中继代理。

在大多数情况下，路由器支持 DHCP/ BOOTP 中继。如果路由器不支持，则应与路由器制造商或供应商联系以查明是否有软件或固件升级提供对该功能的支持。

5.3.4　DHCP 常用术语

1. 作用域

作用域是用于网络的可能 IP 地址的完整连续范围。

2. 超级作用域

超级作用域是用于支持相同物理子网上多个逻辑 IP 子网的作用域的管理性分组。

3. 排除范围

排除范围是作用域内从 DHCP 服务中排除的有限 IP 地址序列。

4. 地址池

在定义 DHCP 作用域并应用排除范围之后，剩余的地址在作用域内形成可用地址池。

5. 租约

租约是客户机可使用指派的 IP 地址期间 DHCP 服务器指定的时间长度。

6. 保留

使用保留创建通过 DHCP 服务器的永久地址租约指派。

7. 选项类型

选项类型是 DHCP 服务器在向 DHCP 客户机提供租约服务时指派的其他客户机配置参数。

8. 选项类别

选项类别是一种可供服务器进一步管理提供给客户的选项类型的方式。

5.4 任 务 实 施

5.4.1 安装 DHCP 软件包

1. 软件

（1）dhclient：DHCP 客户端软件包 dhcpv6-client-1.0.10-17.el5.i386.rpm。

（2）dhcp-devel：DHCP 开发工具 dhcp-devel-3.0.5-21.el5.i386.rpm。

（3）dhcp：DHCP 服务器软件包 dhcp-3.0.5-21.el5.i386.rpm。

2. 安装

安装格式如下：

```
rpm -ivh /media/RHEL_5.4\i386\ DVD/Server/dhcp-2.0pl5-8.i386.rpm
```

5.4.2 熟悉相关配置文件

（1）配置文件/etc/dhcpd.conf（使用 vi 编辑）。

（2）dhcpd.conf 文件中的内容。

5.4.3 熟悉主配置文件 dhcpd.conf

基本配置文件如表 5-1 所示。

表 5-1　dHcpd.conf 的全局配置

全 局 设 置	说 明
ddns-updata-style interim（或 adhoc）	设置 DNS 的动态更新方式
deny client-updates	不允许动态更新 DNS
option subnet-mask 255.255.255.0	设置默认的子网掩码
option routers 192.168.1.254	指定默认网关
option domain-name-servers 228.221.255.1（DNS）	设置默认的域名服务器
default-lease-time 86400（24h）	设置默认的 IP 租用期（秒）

5.4.4 设置 ip 作用域

DHCP 的地址域为：192.168.1.10～192.168.1.200，子网地址：192.168.1.0，设置如下：

```
Subnet  192.168.1.0  netmask  255.255.255.0 {
```

```
range        192.168 .1.10    192.168.1.200
option broadcast-address    192.168.1.255
}
```

要求为 MAC 地址为 00:oc:29:04:fb:e2 的计算机用户分配固定的 IP 地址 192.168.1.88

```
host pc8 {
hardware Ethernet 00:oc:29:04:fb:e2
fixed-address   192.168.1.88
}
```

5.4.5 设置客户端

1. TCP/IP 属性

自动获取 IP、DNS。

2. 客户端的刷新

租约到期,自动刷新。

手动刷新。

- IpConfig /Release;
- IpConfig /Renew。

5.4.6 启动与停止 DHCP 服务

1. 启动

(1) /etc/init.d/ dhcpd restart。

(2) service dhcpd restart。

2. 停止

service dhcpd stop。

5.4.7 客户机获得 IP 地址

使用命令:ipcsnfig 可以测试客户端是否获得 dhcp 服务器分配的 IP 地址,如图 5-1 所示。

图 5-1 客户端获取 IP 地址

5.4.8 DHCP 服务器安装与配置的实例

dhcp 服务器软件包安装用 rpm-ivh 命令安装软件包如图 5-2 所示。

图 5-2   dhcp 软件包的安装

（1）安装 dhcp 软件包。

（2）复制生成 dhcpd. conf 文件，如图 5-3 所示，并覆盖。

图 5-3   CP 命令复制源 dhcpd. conf. sample，生成新文件 dhcpd. conf

命令如下：

CP/usr/share/doc/dhcp-3.0.5/dhcpd.conf.sample/etc/dhcpd.conf

（3）修改服务器的配置文件（/etc/dhcpd. conf），如图 5-4 所示。

① subnet：子网地址及掩码的修改。

② Range dynamic-bootp 地址池的输入。

（4）用 ifconfig 命令配置网卡 eth0 的地址，并启动 dhcpd 服务，如图 5-5 所示。命令如下：

ifconfig eth0 192.168.4.1 service dhcpd restart

（5）客户端 IP 地址设为自动获得 IP 地址，如图 5-6 所示。

配置与管理 DHCP 服务器

图 5-4　配置文件的修改

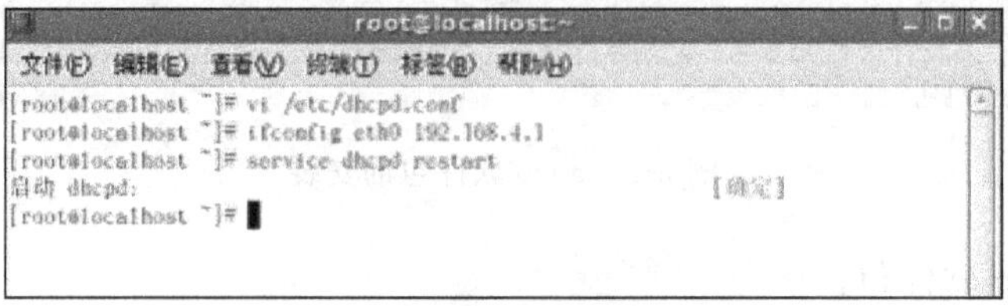

图 5-5　网卡 eth0 的配置

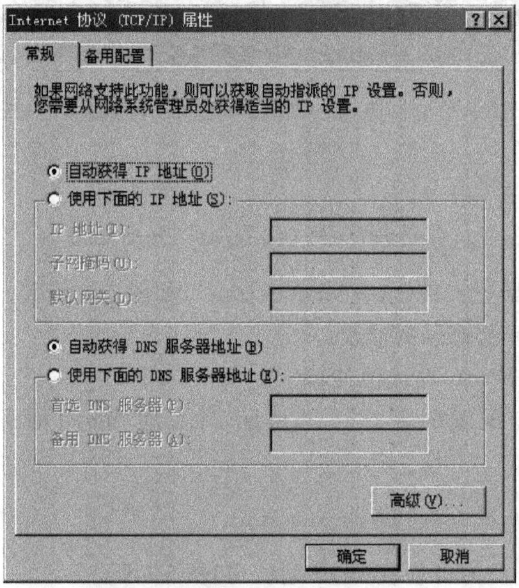

图 5-6　客户端设置

(6) 客户端向 DHCP 服务器获得 IP 地址的测试,如图 5-7 所示。

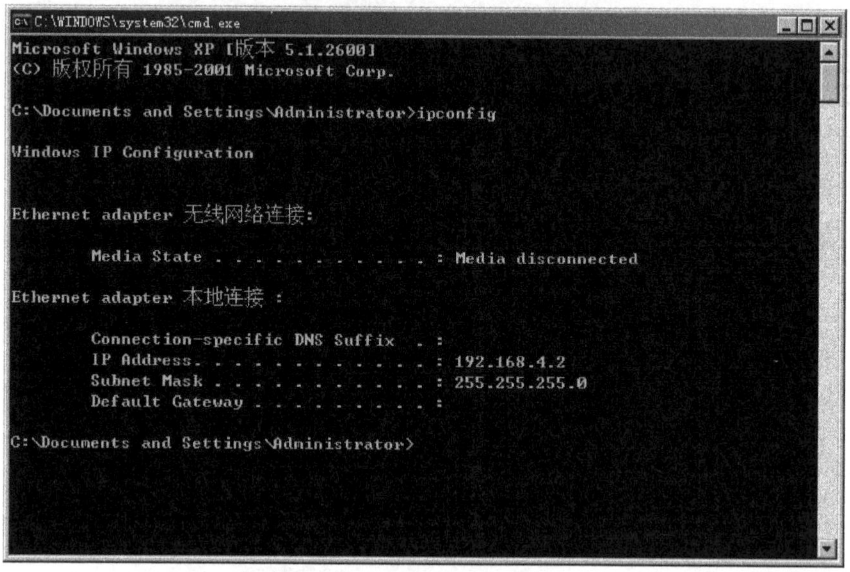

图 5-7　客户端获取 IP 地址

5.5　习题与实训

5.5.1　思考与习题

(1) 简述 DHCP 的工作过程。
(2) DHCP 服务器的配置文件是什么?

5.5.2　实训

1. 实训目的

(1) 了解 DHCP 的基本原理。
(2) 了解 DHCP 服务器为客户机分配 IP 地址的过程。
(3) 掌握 Linux 下 DHCP 服务器的安装和设置。

2. 实训内容

(1) 实训环境的构建。
(2) DHCO 服务器的配置。
(3) 启动 DHCP 服务器。
(4) 测试 DHCP 服务器。
(5) DHCP 服务器的停止。

3. 实训总结

提交实训报告。

项目 6 | 配置与管理 dns 服务器

6.1 任 务 描 述

随着发展,季目公司发展业务到高科技创新型产品。目前公司有技术人员 50 人,管理人员 20 人。该企业有一个局域网(192.168.X.0/24)。该公司中,员工希望通过域名来进行访问,同时员工也需要访问 Internet 上的网站。该企业已经申请了域名 jimu.com,公司需要 Internet 上的用户通过域名访问公司的网页。

6.2 任 务 分 析

(1) 能熟练配置与管理主 DNS 服务器。
(2) 能熟练配置 DNS 客户端的配置。
(3) 能熟练完成关于 DNS 服务的故障排除。

6.3 知 识 储 备

6.3.1 dns 概述

1. DNS 服务概述

域名系统(Domain Name System,DNS)是一种组织域层次结构的计算机和网络服务命名系统。它所提供的服务是完成将主机名和域名转换为 IP 地址的工作。需要将主机名和域名转换为 IP 地址是因为,当网络上的一台客户机访问某一服务器上的资源时,用户在浏览器地址栏输入的是便于识记的主机名和域名,如 HTTP://WWW.263.NET。网络上的计算机之间实现连接却是通过每台计算机在网络中拥有的唯一的 IP 地址来完成的,这样就需要在用户容易记忆的地址和计算机能够识别的地址之间有一个解析,DNS 服务器便充当了解析的重要角色。

2. DNS 的解析过程

DNS 分为 Client 和 Server,Client 扮演发问的角色,也就是问 Server 一个 Domain Name,而 Server 必须要回答此 Domain Name 的真正 IP 地址。

(1) 客户机提出域名解析请求,并将该请求发送给本地的域名服务器。

(2) 本地的域名服务器收到请求后,先查询本地的缓存,如果有该纪录项,则本地的域名服务器就直接把查询的结果返回给客户机。

(3) 如果本地的缓存中没有该记录,则本地域名服务器把请求发给根域名服务器,根域名服务器返回给本地域名服务器一个所查询域(根的子域)的主域名服务器的地址。

（4）本地服务器向上一步返回的域名服务器发送请求,接受请求的服务器查询自己的缓存,如果没有该纪录,则返回相关的下级域名服务器的地址。

（5）重复步骤(4),直到找到正确的纪录。

（6）本地域名服务器将结果返回给客户机;同时把返回的结果保存到缓存,以备下次使用。

3. 查询的模式

1）递归查询

当收到 DNS 工作站的查询请求后,本地 DNS 服务器只会向 DNS 工作站返回两个信息:要么是在该 DNS 服务器上查到的结果、要么是查询失败。

2）叠代查询

当收到 DNS 工作站的查询请求后,如果在 DNS 服务器中没有查到所需数据,该 DNS 服务器便会告诉 DNS 工作站另外一台 DNS 服务器的 IP 地址,然后再由 DNS 工作站自行向此 DNS 服务器查询,依次类推,直到查到所需数据为止。

4. 域名服务器分类

1）高速缓存服务器

高速缓存服务器可运行域名服务器软件,但是没有域名数据库软件。

2）主域名服务器

主域名服务器是特定域所有信息的权威信息源。

3）辅助域名服务器

辅助域名服务器是可以从主服务器中转移一整套域信息。

6.3.2 dns 服务器软件包

安装 DNS 服务器所需要的软件如下:

（1）bind-9.3.6-4.P1.el5.i386.rpm:DNS 服务器软件包。

（2）caching-nameserver-9.3.6-4.P1.el5.i386.rpm:高速缓存 DNS 服务器的基本配置文件,建议一定安装。

（3）bind-chroot-9.3.6-4.P1.el5.i386.rpm:将 bind 主程序关在家中。

所谓的 chroot 代表的是 change to root 的意思,root 代表的是根目录。很多英文文章中,称它为 jail(监牢,拘留所,监狱)。早期的 bind 默认将程序启动在/var/named 当中。由于一个应用程序的 bug、漏洞等问题,导致该程序被攻击者控制,取得相应用户的权限,进而取得系统管理员级别的权限。在计算机术语中,把这种对程序的 jail,特称为 chroot。因此 chroot bind,可以理解成"权限受严格限制的 bind"。Red Hat 预设将 bind 锁在/var/named/chroot 目录中。为 bind 设置监牢前后如表 6-1 所示。

表 6-1　bind 设置监牢前后

文 件 内 容	默 认 路 径	chroot 路 径
bind 的配置文件	/etc/named.conf	/var/named/chroot/etc/named.conf
数据库文件默认放置位置	/var/named/	/var/named/chroot/var/named/
named 这个程序执行时放置 pid-file 的默认位置	/var/run/named	/var/named/chroot/var/run/named/

以上三个软件包可以使用 rpm -q 来检查这些软件包是否被安装。如果没有被安装,用 rpm -ivh 安装 3 个软件。例如,通过光驱安装 DNS 服务器软件包的命令如下:

```
rpm - ivh /mnt/cdrom/Server/bind - 9.3.6 - 4.P1.el5.i386.rpm
```

6.3.3 dns 服务器的配置文件

1. DNS 服务器的三个配置文件

(1) 主配置文件: /var/named/chroot/etc/named.conf。

在/var/named/chroot/etc/下并没有 named.conf 文件,需要复制一个,命令如下:

```
cd /var/named/chroot/etc/
cp - p named.caching - nameserver.conf named.conf
```

打开 named.conf 文件: Vi named.conf,如图 6-1 所示。

```
// to create named conf - edits to this file will be lost on
// caching-nameserver package upgrade.
//
options {
        listen-on port 53 { any; };
        listen-on-v6 port 53 { ::1; };
        directory       "/var/named";
        dump-file       "/var/named/data/cache_dump.db";
        statistics-file "/var/named/data/named_stats.txt";
        memstatistics-file "/var/named/data/named_mem_stats.txt";

        // Those options should be used carefully because they disable port
        // randomization
        // query-source    port 53;
        // query-source-v6 port 53;

        allow-query       { any; };
        allow-query-cache { any; };
};
logging {
        channel default_debug {
                file "data/named.run";
                severity dynamic;
        };
};
view localhost_resolver {
        match-clients      { any; };
        match-destinations { any; };
```

图 6-1 named.conf 文件内容

(2) 正向区域文件: /var/named/chroot/var/named/localdomain.zone,如图 6-2 所示。

图 6-2 正向区域文件的内容

(3) 反向区域文件: /var/named/chroot/var/named/named.local,如图 6-3 所示。

(4) 对正反向区域文件相关的说明:

配置文件的批注使用"//",每一个设定项目最后需要分号";"。

① 正反向区域文件相关参数说明,如表 6-2 所示。

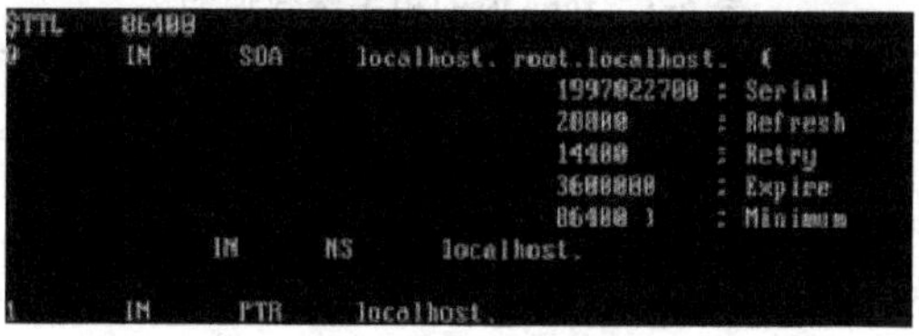

```
$TTL    86400
@       IN      SOA     localhost. root.localhost.  (
                                    1997022700 ; Serial
                                    28800      ; Refresh
                                    14400      ; Retry
                                    3600000    ; Expire
                                    86400 )    ; Minimum
              IN      NS      localhost.

1       IN      PTR     localhost.
```

图 6-3　反向区域文件的内容

表 6-2　正反向区域文件相关参数说明

记录类型	说　　明
A	主机记录，建立域名与 IP 地址之间的映射
CNAME	别名记录，为其他资源记录指定名称的替补
SOA	初始授权记录
NS	名称服务器记录，指定授权的名称服务器
PTR	指针记录，用来实现反向查询
MX	邮件交换记录，指定用来交换或者转发邮件信息的服务器
HINFO	主机信息记录，指明 CPU 与 OS

② 正向区域文件注释说明。

例如，域名服务器 www.bitc.edu.cn 对应的 IP 地址为 192.168.16.254 的正向区域文件内容如下：

```
@          IN    SOA     bitc.edu.cn.     root.bitc.edu.cn.(
                        42;                         ;序列号
                        3H;                         ;刷新周期
                        15M;                        ;重试时间间隔
                        1W;                         ;过期时间
                        1D;                         ;生存时间
         IN     NS     bitc.edu.cn.                 ;域名服务器记录(注意域名末尾符号)
www      IN     A      192.168.16.254               ;主机名 www 到 IP 地址的映射
```

2. 配置文件的修改

(1) 主配置文件 named.conf 的修改：编辑/var/named/chroot/etc/named.conf 文件，添加正向区域及反向区域。

例如，若 DNS 服务器对应的主机名称为 www.bitc.edu.cn，主机对应的 IP 地址为 192.168.16.254，则在主配置文件中修改如下：

① 新增正向查找区域：实现域名→IP 地址的解析。

类型 type：master；slave；Cache-only。

区域文件名 file：bitc.edu.cn.zone。

② 新增一个反向查找区域：实现 IP 地址→域名的解析。

类型 type：master；slave；Cache-only。

区域文件名 file：16.168.192.in-addr.arpa。

zone 内的相关参数说明如表 6-3 所示。

表 6-3　zone 内的相关参数说明

设 定 值	意　义
type	该 zone 的类型，主要的类型有 master，slave 及 hint
file	就是 zone file（区域文件名）
反解 zone	反解是将 IP 反过来写，同时在最后面加上".in-addr.arpa"来表示反解宣告，如 192.168.16 这个 zone 就得要写成 16.168.192.in-addr.arpa

（2）正向区域文件的修改。

① 先复制一个模板。

```
cd   /var/named/chroot/var/named/
cp   - p   localdomain.zone   bitc.edu.cn.zone
```

② 打开文件，编辑正向区域文件 vi bitc.edu.cn.zone，如图 6-4 所示。

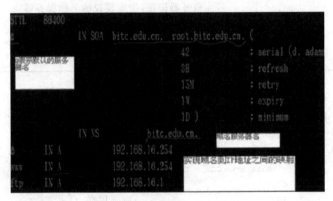

图 6-4　正向区域文件的修改

（3）反向区域文件的修改：

① 先复制一个模板

```
cd   /var/named/chroot/var/named/
cp   - p   named.local   16.168.192.in - addr.arpa
```

② 打开文件，编辑正向区域文件 vi 16.168.192.in-addr.arpa，如图 6-5 所示。

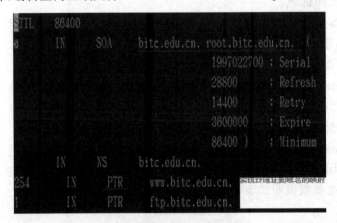

图 6-5　反向区域文件的修改

6.4 任务实施

6.4.1 DNS服务器的安装

(1) 首先查看 RHEL5.4 预装了哪些包(如图 6-6 所示),rpm -qa|grep bind。

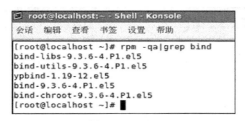

图 6-6　bind软件包查询

从查看效果中可以看到,其中 bind 的主程序包 bind-9.3.6-4.P1.el5 已经安装,实现 bind 根目录的监牢机制,增强安全性的软件 bind-chroot-9.3.6-4.P1.el5 也已经安装。

(2) 如果这两个软件没有查看到,需要光盘,然后用 rpm -ivh 进行安装,如图 6-7 所示。

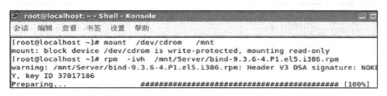

图 6-7　bind主程序包的安装

(3) 安装 bind-chroot-9.3.6-4.P1.el5,过程如图 6-8 所示。

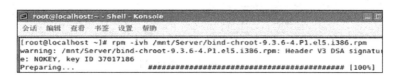

图 6-8　增加安全性的软件包的安装

(4) RHEL5 系统为配置缓存域名服务器专门提供了名为 caching-nameserver 的软件包,此软件包安装如图 6-9 所示。

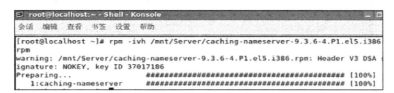

图 6-9　缓存域名服务器所需软件包的安装

配置与管理 dns 服务器

6.4.2 dns 配置文件修改

1. 主配置文件的修改

（1）主配置文件 named.conf 的生成。在目录/var/named/chroot/etc 下是没有主配置文件 named.conf 的，需要由 named.caching-nameserver.conf 复制生成。过程如图 6-10 所示。

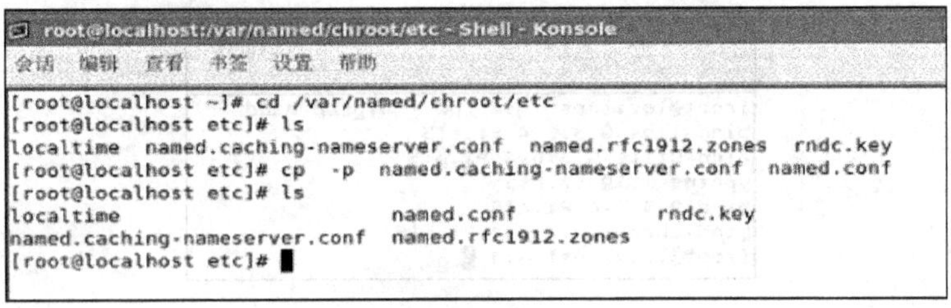

图 6-10　主配置文件 named.conf 的生成

（2）配置文件的修改。如图 6-11 所示，修改 options 全局模块中相关的参数配置。

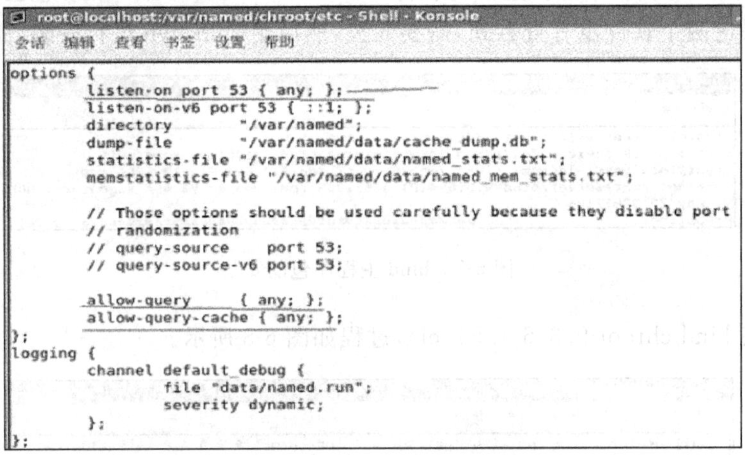

图 6-11　options 全局模块

注释 view 视图模块，如图 6-12 所示。

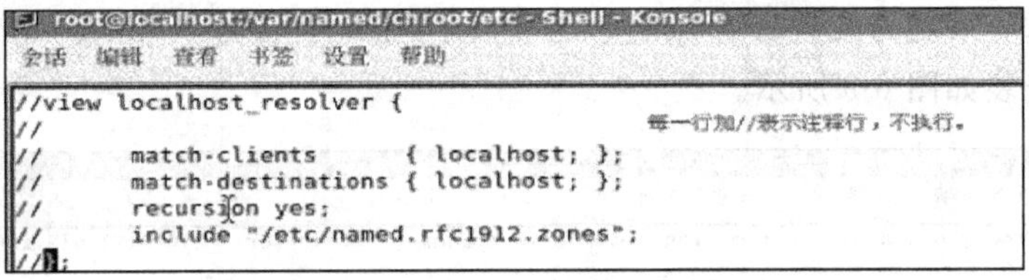

图 6-12　view 视图模块

（3）在主配置文件 named.conf 中添加正向区域 jimu.com 及反向区域 16.168.192.in-addr.arpa，如图 6-13 所示。

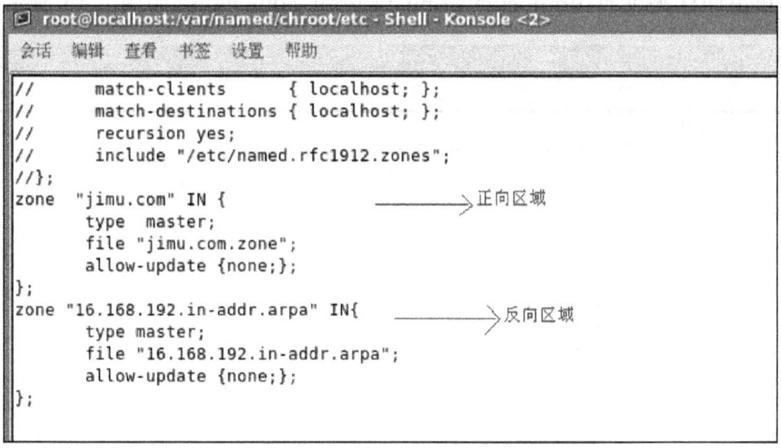

图 6-13　正向区域与反向区域的添加

2. 正向区域文件的修改

（1）正向区域模板文件所在的目录 cd /var/named/chroot/var/named/，如图 6-14 所示。

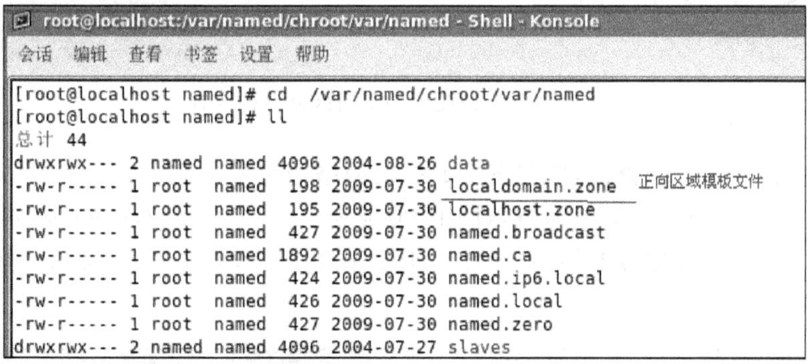

图 6-14　正向区域模板文件所在目录

（2）正向区域文件 jimu. com. zone 的生成如下（如图 6-15 所示）：

cp　－p　localdomain. zone jimu. com. zone

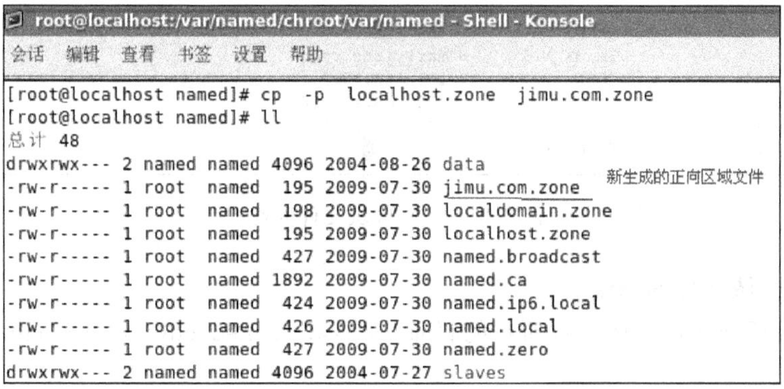

图 6-15　正向区域文件 jimu. com. zone 的生成

配置与管理 dns 服务器

(3) 打开正向区域文件 jimu.com.zone,vi jimu.com.zone,如图 6-16 所示。

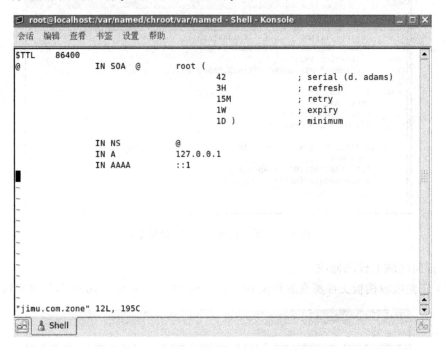

图 6-16 未修改前的正向区域文件内容

(4) 正向区域文件的修改,依照图 7-1 中的网络服务器的拓扑图,设定 DNS 服务器的 IP 地址为 192.168.16.254,ftp 服务器的 IP 地址为 192.168.16.2,www 服务器的 IP 地址 为 192.168.16.2,mail 服务器的 IP 地址为 192.168.16.1,如图 6-17 所示。修改后保存退 出即可。

```
root@localhost:/var/named/chroot/var/named - Shell - Konsole          _  □ ×
会话  编辑  查看  书签  设置  帮助
$TTL    86400
@             IN SOA  dns.jimu.com.    root.jimu.com. (
                                       42        ; serial (d. adams)
                                       3H        ; refresh
                                       15M       ; retry
                                       1W        ; expiry
                                       1D )      ; minimum

              IN NS       dns.jimu.com.
              IN MX  10   mail.jimu.com.
mail          IN A        192.168.16.1
dns           IN A        192.168.16.254
www           IN A        192.168.16.2
ftp           IN CNAME    www
```

图 6-17 正向区域文件的修改

3. 反向区域文件的修改

(1) 进入反向区域模板文件所在的目录 cd /var/named/chroot/var/named/,如图 6-18 所示。

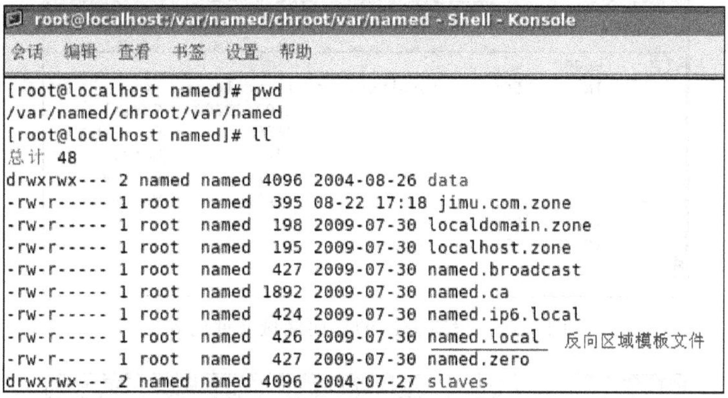

图 6-18　反向区域模板文件所在目录

（2）反向区域文件 16.168.192.in-addr.arpa 的生成（如图 6-19 所示）：

cp　－p　named.local 16.168.192.in－addr.arpa

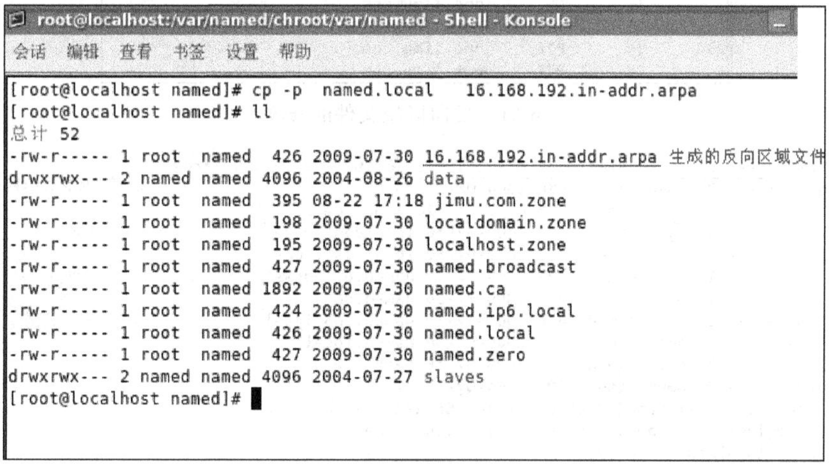

图 6-19　反向区域文件 16.168.192.in-addr.arpa 的生成

（3）打开反向区域文件 vi 16.168.192.in-addr.arpa，如图 6-20 所示。

（4）反向区域文件的修改，依照正向区域文件中对应的 DNS 服务器、ftp 服务器、www 服务器和 mail 服务器的 IP 地址，对反向区域文件进行修改，如图 6-21 所示，修改完后保存退出即可。

4. 对三个配置文件添加执行权

（1）chmod ＋x 16.168.192.in-addr.arpa（如图 6-22 所示，反向区域文件执行权的添加）。

（2）chmod ＋x jimu.com.zone（图 6-22 中正向区域文件执行权的添加）。

（3）chmod ＋x named.conf（如图 6-23 所示，主配置文件执行权的添加）。

```
root@localhost:/var/named/chroot/var/named - Shell - Konsole

会话  编辑  查看  书签  设置  帮助

$TTL    86400
@       IN      SOA     localhost. root.localhost. (
                                        1997022700 ; Serial
                                        28800      ; Refresh
                                        14400      ; Retry
                                        3600000    ; Expire
                                        86400 )    ; Minimum

        IN      NS      localhost.
1       IN      PTR     localhost.
```

图 6-20 没有修改的反向区域文件内容

```
root@localhost:/var/named/chroot/var/named - Shell - Konsole

会话  编辑  查看  书签  设置  帮助

$TTL    86400
@       IN      SOA     dns.jimu.com.   root.jimu.com. (
                                        1997022700 ; Serial
                                        28800      ; Refresh
                                        14400      ; Retry
                                        3600000    ; Expire
                                        86400 )    ; Minimum

        IN      NS      dns.jimu.com.
1       IN      PTR     mail.jimu.com.
254     IN      PTR     dns.jimu.com.
2       IN      PTR     www.jimu.com.
```

图 6-21 反向区域文件的修改

```
-rw-r----- 1 root   named  514 08-22 18:18 16.168.192.in-addr.arpa      没有添加执行权前
drwxrwx--- 2 named named 4096 2004-08-26 data
-rw-r----- 1 root   named  395 08-22 17:18 jimu.com.zone
-rw-r----- 1 root   named  198 2009-07-30 localdomain.zone
-rw-r----- 1 root   named  195 2009-07-30 localhost.zone
-rw-r----- 1 root   named  427 2009-07-30 named.broadcast
-rw-r----- 1 root   named 1892 2009-07-30 named.ca
-rw-r----- 1 root   named  424 2009-07-30 named.ip6.local
-rw-r----- 1 root   named  426 2009-07-30 named.local
-rw-r----- 1 root   named  427 2009-07-30 named.zero
drwxrwx--- 2 named named 4096 2004-07-27 slaves
[root@localhost named]# chmod +x 16.168.192.in-addr.arpa
[root@localhost named]# chmod +x jimu.com.zone
[root@localhost named]# ll
总计 52
-rwxr-x--x 1 root   named  514 08-22 18:18 16.168.192.in-addr.arpa      添加执行权后
drwxrwx--- 2 named named 4096 2004-08-26 data
-rwxr-x--x 1 root   named  395 08-22 17:18 jimu.com.zone
```

图 6-22 正向区域文件与反向区域文件的执行权

```
[root@localhost named]# cd /var/named/chroot/etc
[root@localhost etc]# ll
总计 28
-rw-r--r-- 1 root root  3519 2006-02-27 localtime
-rw-r----- 1 root named 1230 2009-07-30 named.caching-nameserver.conf
-rw-r----- 1 root named 1512 08-08 19:58 named.conf          没有添加执行权前
-rw-r----- 1 root named  955 2009-07-30 named.rfc1912.zones
-rw-r----- 1 root named  113 08-07 17:53 rndc.key
[root@localhost etc]# chmod +x  named.conf
[root@localhost etc]# ll
总计 28
-rw-r--r-- 1 root root  3519 2006-02-27 localtime
-rw-r----- 1 root named 1230 2009-07-30 named.caching-nameserver.conf
-rwxr-x--x 1 root named 1512 08-08 19:58 named.conf          添加执行权后
-rw-r----- 1 root named  955 2009-07-30 named.rfc1912.zones
-rw-r----- 1 root named  113 08-07 17:53 rndc.key
```

图 6-23 主配置文件执行权的添加

6.4.3　dns 服务器网络设置及测试

1. 修改 IP 地址和 DNS 地址

（1）通过主菜单→管理→网络设置，如图 6-24 所示。

图 6-24　通过主菜单打开网络连接

（2）选择"设备"标签，从设备中选择网卡类型 eth0。通过工具栏中的"编辑"工具，进入设置本机 IP 地址的窗口，设置完成，单击"确定"按钮退出设置窗口，如图 6-25 所示。

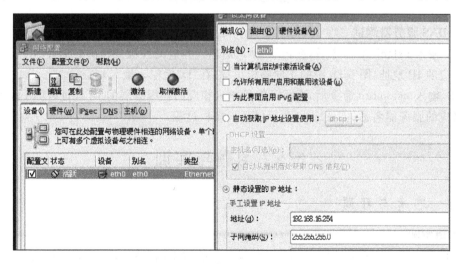

图 6-25　本机 IP 地址设置

配置与管理 dns 服务器

(3) 选择 DNS 标签,进入设置本机 DNS 地址的窗口,如图 6-26 所示。

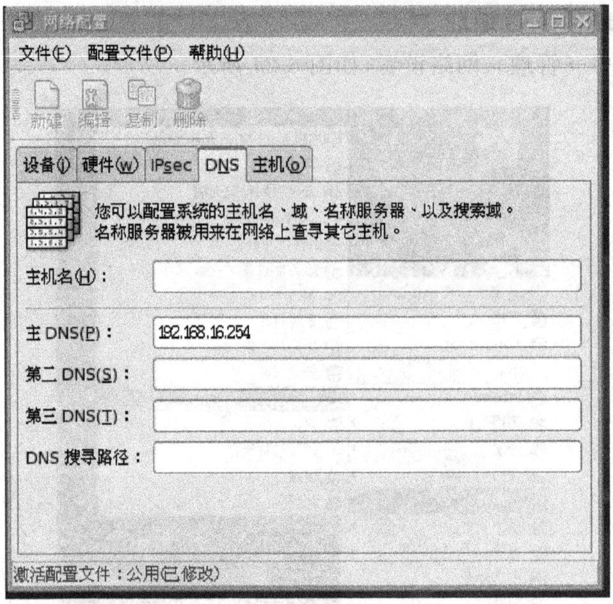

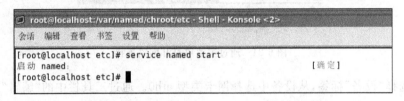

图 6-26　DNS 地址设置窗口

2. 启动 DNS 服务

启动 DNS 服务命令 service named start(如图 6-27 所示)。

图 6-27　启动 DNS 服务

3. DNS 服务器测试

(1) 输入 nslookup 命令后,在提示符"7"后输入相应的各服务器的名称,DNS 服务器会解析对应的 IP 地址(图 6-28 中的正向解析过程,在"D"后输入域名)。

(2) 输入 nslookup 命令后,在提示符后输入相应的各服务器的 IP 地址,DNS 服务器会解析对应的服务器名称(如图 6-29 所示的反向解析过程)。

6.5　习题与实训

6.5.1　思考与习题

1. 填空题

(1) 在 Linux 系统中,测试 DNS 服务器是否能够正确解析域名的客户端命令,使用命令_____。

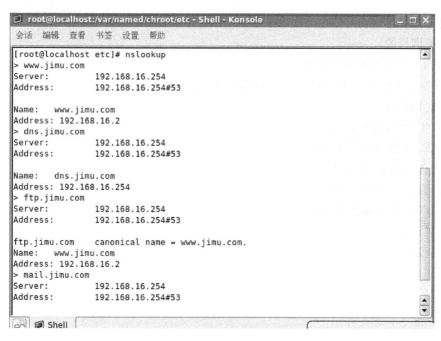

图 6-28　正向解析过程

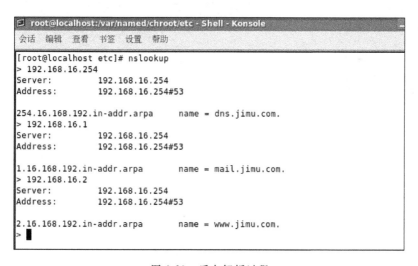

图 6-29　反向解析过程

（2）DNS 是典型的_____模式结构。

（3）DNS 即_____,作用为完成域名与 IP 地址的互换。

2. 选择题

（1）DNS 域名系统主要负责主机名和（　　）之间的解析。

    A. IP 地址　　　　　B. MAC 地址　　　　　C. 网络地址　　　　　D. 主机别名

（2）DNS 即域名服务系统可以将正常的网络域名解析为 IP 地址,DNS 服务的配置文件名称为_____

    A. named. conf　　　B. dns. conf　　　　C. dnsd. conf　　　　D. name. conf

6.5.2 实训

1. 实训目的

(1) 了解 DNS 的基本原理。

(2) 掌握 Linux 下 DNS 服务器的安装和设置。

2. 实训内容

(1) 实训环境的构建。

(2) DNS 服务器的配置。

(3) 启动 DNS 服务器。

(4) 测试 DNS 服务器。

(5) DNS 服务器的停止。

3. 实训总结

提交实训报告。

项目 7   配置与管理 Apache 服务器

7.1   任 务 描 述

在季目开关制造公司局域网中以 jimu.com 为域名构建公司的网络平台,公司要求搭建基于 Linux 平台的务器,具体要求如下:

(1) Apache 服务器采用提供虚拟主机基于域名 www.jimu.com 的 Web 服务,为某公司提供网站服务的功能。

(2) Web 站点根目录为/var/www/jimu.com,要求支持含有中文字符的网页,默认主页内容为"jimu.com 测试页!"。

(3) 配置当系统启动时自动启动 HTTP 服务。

7.2   任 务 分 析

(1) Apache 服务器采用提供虚拟主机基于域名 www.jimu.com 的 Web 服务,为某公司提供网站服务的功能。

(2) WEB 站点根目录为/var/www/jimu.com,要求支持含有中文字符的网页,默认主页内容为"jimu.com 测试页!"。

(3) 配置当系统启动时自动启动 HTTP 服务。

7.3   知 识 储 备

7.3.1   Apache 概述

1. Apache 简介

Apache 是一种开源的 HTTP 服务器软件,可以在包括 UNIX、Linux 以及 Windows 在内的大多数主流计算机操作系统中运行,由于其支持多平台和良好的安全性而被广泛使用。Apache 由 Illinois 大学 Urbana-Champaign 的国家高级计算程序中心开发,它的名字取自 Apatchy Server 的读音,即充满补丁的服务器,可见在最初的时候该程序并不是非常完善。但由于 Apache 是开源软件,所以得到了开源社区的支持,不断开发出新的功能特性,并修补了原来的缺陷。经过多年来不断的完善,如今的 Apache 已是最流行的 Web 服务器端软件之一。Apache 的特点是简单、速度快、性能稳定,并可做代理服务器来使用。

2. Apache 特性

（1）Apache 具有跨平台性，可以运行在 UNIX、Linux 和 Windows 等多种操作系统上。

（2）Apache 凭借其开放源代码的优势发展迅速，可以支持很多功能模块。借助这些功能模块，Apache 具有无限扩展功能的优点。

（3）Apache 的工作性能和稳定性远远领先于其他同类产品。

7.3.2 Apache 服务器配置文件

配置文件在/etc/httpd 目录中，其中主要的配置文件是：/etc/httpd/conf/httpd.conf httpd.conf 文件分为三部分：

1. 全局配置（一般不需要修改）

全局环境配置说明如下：

（1）ServerTokens OS：当服务器响应主机头（Header）信息时显示 Apache 的版本和操作系统名称。

（2）ServerRoot "/etc/httpd"：设置存放服务器的配置、出错和记录文件的根目录。

（3）PidFile run/httpd.pid：指定记录 httpd 守护进程的进程号的 PID 文件。

（4）Timeout 120：设置客户程序和服务器连接的超时时间间隔。

（5）KeepAlive Off：设置是否允许在同一个连接上传输多个请求，取值为 on/off。

（6）MaxKeepAliveRequests 100：设置一次连接可以进行的 HTTP 请求的最大次数。

（7）KeepAliveTimeout 15：设置一次连接中的多次请求传输之间的时间。

（8）Listen 12.34.56.78:80：设置 Apache 服务的监听 IP 和端口。

（9）LoadModule 参数值：设置动态加载模块。

（10）Include conf.d/*.conf：将由 Serverroot 参数指定的目录中的子目录 conf.d 中的 *.conf 文件包含进来，即将/etc/httpd/conf.d 目录中的 *.conf 文件包含进来。

2. 主服务器设置（这部分是设置的重点）

（1）User apache 和 Group apache：设置运行 Apache 服务器的用户和组。

（2）ServerAdmin root@localhost：设置管理 Apache 服务器的管理员的邮件地址。

（3）ServerName new.host.name:80：设置服务器的主机名和端口以标识网站。

（4）DocumentRoot "/var/www/html"：设置 Apache 服务器对外发布的网页文档的存放路径。

（5）Directory 目录容器：Apache 服务器可以利用 Directory 容器设置对指定目录的访问控制。

（6）DirectoryIndex index.html index.html.var：用于设置网站的默认首页的网页文件名。

（7）AccessFileName .htaccess：设置访问控制的文件名，默认为隐藏文件.htaccess。

3. 虚拟主机设置

通过配置虚拟主机，可以在单个服务器上运行多个 Web 站点。虚拟主机可以是基于 IP 地址、主机名或端口号的。

（1）基于 IP 地址的虚拟主机需要计算机上配有多个 IP 地址，并为每个 Web 站点分配一个唯一的 IP 地址。

（2）基于主机名的虚拟主机，要求拥有多个主机名，并且为每个 Web 站点分配一个主机名。

（3）基于端口号的虚拟主机，要求不同的 Web 站点通过不同的端口号监听，这些端口号只要系统不用就可以。

httpd.conf 文件中关于虚拟主机部分的默认配置：

```
NameVirtualHost * :80
< VirtualHost * :80 >
    ServerAdmin webmaster@dummy - host.example.com
    DocumentRoot /www/docs/dummy - host.example.com
    ServerName dummy - host.example.com
    ErrorLog logs/dummy - host.example.com - error_log
    CustomLog logs/dummy - host.example.com - access_log common
</VirtualHost >
```

7.3.3 Apache 服务器的配置流程

1. Apache 服务器的安装

（1）查看软件是否安装。

```
rpm  - q  httpd
```

（2）安装软件。
先挂载光盘：

```
mount  /dev/cdrom  /mnt
```

安装 apache 软件包：

```
rpm  - ivh  /mnt/Server/ httpd - 2.2.3 - 31.el5
```

2. 建立简单站点

Apache 会建立/var/www 目录，并在其下建立一系列子目录：

（1）Html：默认的网站页面存放位置。

（2）cgi-bin：用来存放可执行程序，包括 CGI 程序、perl 脚本等。

（3）manual：存放 Apache 的手册，内容形式为网页。

（4）error：存放 Apache 服务器的错误提示文件。

（5）icons：存放 Apache 服务器的图标文件。

要建立一个简单的网站，只需要将做好的网页文件复制到/var/www/html 目录下，步骤如下：

① 新建一个网页文件。

```
cd /var/www/html
vi  index.html
```

② 输入网页内容，如"欢迎光临"等。

3. 修改服务器的配置文件

配置文件在/etc/httpd 目录中，其中主要的配置文件是：httpd.conf，打开配置文件的命令如下：

```
vim  /etc/httpd/conf/httpd.conf
```

4. Apache 服务器的启动与关闭

服务的启动有两种方法。

（1）第一种方法：

/etc/init.d/ httpd start

（2）第二种方法：

service httpd start

服务的关闭：

service httpd sto7.

7.4 任 务 实 施

1. Apache 服务器的实施过程

（1）Apache 服务器所需软件的安装：

① 首先查看 RHEL5.4 预装了哪些包（如图 7-1 所示），rpm -qa|grep httpd *

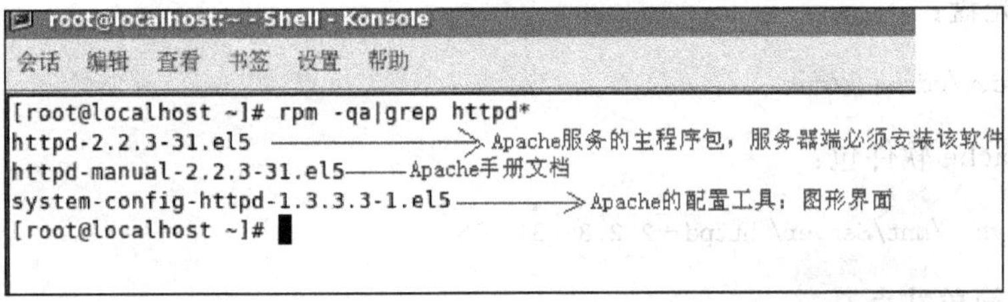

图 7-1 Apache 相关软件的查询

② 如果相关的软件没有查看到，则首先挂载光盘，如图 7-2 所示。

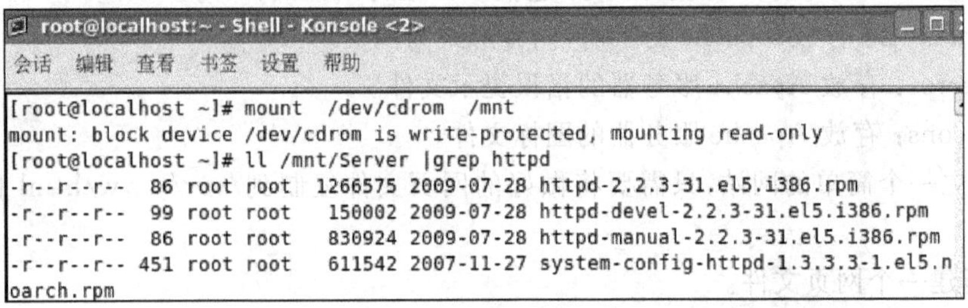

图 7-2 挂载光盘到/mnt，并查询相关的软件

③ 安装软件如图 7-3 所示。

④ 如果需要图形界面进行 Apache 的配置，则需要安装软件 system-config-httpd-1.3.3.1-1.el5.noarch.rpm，如图 7-4 所示。

（2）修改主配置文件 httpd.conf，vim /etc/httpd/conf/httpd.conf。

① 设置 Apache 的根目录为/etc/httpd；设置客户端访问超时时间为 120 秒，如图 7-5 所示。

图 7-3　Apache 服务器主要软件的安装过程

```
会话  编辑  查看  书签  设置  帮助
[root@localhost ~]# rpm  -ivh /mnt/Server/httpd-2.2.3-31.el5.i386.rpm
warning: /mnt/Server/httpd-2.2.3-31.el5.i386.rpm: Header V3 DSA signature: NOKEY, key ID 3701718
6
Preparing...              ######################################### [100%]        主程序包的安装
      package httpd-2.2.3-31.el5.i386 is already installed
[root@localhost ~]# rpm  -ivh /mnt/Server/httpd-devel-2.2.3-31.el5.i386.rpm
warning: /mnt/Server/httpd-devel-2.2.3-31.el5.i386.rpm: Header V3 DSA signature:
7017186
error: Failed dependencies:
      apr-devel is needed by httpd-devel-2.2.3-31.el5.i386            开发工具包的安装有依赖包,所
      apr-util-devel is needed by httpd-devel-2.2.3-31.el5.i386       以先安装依赖包
[root@localhost ~]# rpm  -ivh /mnt/Server/apr-devel-1.2.7-11.el5_3.1.i386.rpm
warning: /mnt/Server/apr-devel-1.2.7-11.el5_3.1.i386.rpm: Header V3 DSA signatur
 37017186
Preparing...              ######################################### [100%]        依赖包的安装
  1:apr-devel              ######################################### [100%]
[root@localhost ~]# rpm  -ivh /mnt/Server/apr-util-
apr-util-1.2.7-7.el5_3.2.i386.rpm        apr-util-docs-1.2.7-7.el5_3.2.i386.rpm
apr-util-devel-1.2.7-7.el5_3.2.i386.rpm
[root@localhost ~]# rpm  -ivh /mnt/Server/apr-util-devel-1.2.7-7.el5_3.2.i386.r 依赖包的安装
warning: /mnt/Server/apr-util-devel-1.2.7-7.el5_3.2.i386.rpm: Header V3 DSA sign
y ID 37017186
Preparing...              ######################################### [100%]
  1:apr-util-devel         ######################################### [100%]
[root@localhost ~]# rpm -ivh /mnt/Server/httpd-devel-2.2.3-31.el5.i386.rpm      开发工具包的安装
```

图 7-3　Apache 服务器主要软件的安装过程

```
会话  编辑  查看  书签  设置  帮助
[root@localhost ~]# rpm -ivh /mnt/Server/system-config-httpd-1.3.3.3-1.el5.noarch.rpm
warning: /mnt/Server/system-config-httpd-1.3.3.3-1.el5.noarch.rpm: Header V3 DSA signature: NOK
Y, key ID 37017186
Preparing...              ######################################### [100%]
      package system-config-httpd-1.3.3.3-1.el5.noarch is already installed
```

图 7-4　Apache 图形界面软件的安装

```
会话  编辑  查看  书签  设置  帮助
#
# ServerRoot: The top of the directory tree under which the server's
# configuration, error, and log files are kept.
#
# NOTE!  If you intend to place this on an NFS (or otherwise network)
# mounted filesystem then please read the LockFile documentation
# (available at <URL:http://httpd.apache.org/docs/2.2/mod/mpm_common.html#lockfile>);
# you will save yourself a lot of trouble.
#
# Do NOT add a slash at the end of the directory path.
#
ServerRoot "/etc/httpd"        Apache根目录


#
# PidFile: The file in which the server should record its process
# identification number when it starts.
#
PidFile run/httpd.pid


#
# Timeout: The number of seconds before receives and sends time out.
#
Timeout 120        客户端访问超时时间
```

图 7-5　Apache 根目录和超时设置

103

项
目
7

配置与管理 Apache 服务器

② httpd 监听端口 80 的设置,如图 7-6 所示。

```
# Listen: Allows you to bind Apache to specific IP addresses and/or
# ports, in addition to the default. See also the <VirtualHost>
# directive.
#
# Change this to Listen on specific IP addresses as shown below to
# prevent Apache from glomming onto all bound IP addresses (0.0.0.0)
#
#Listen 12.34.56.78:80
Listen 80
```

图 7-6   httpd 监听端口的设置

③ 设置管理员 E-mail 地址为 root@jimu.com,Web 服务器的主机名和监听端口为
www.jimu.com:80,如图 7-7 所示。

```
# as error documents.  e.g. admin@your-domain.com
#
ServerAdmin root@jimu.com


#
# ServerName gives the name and port that the server uses to identify itself.
# This can often be determined automatically, but we recommend you specify
# it explicitly to prevent problems during startup.
#
# If this is not set to valid DNS name for your host, server-generated
# redirections will not work.  See also the UseCanonicalName directive.
#
# If your host doesn't have a registered DNS name, enter its IP address here.
# You will have to access it by its address anyway, and this will make
# redirections work in a sensible way.
#
 ServerName www.jimu.com:80
```

图 7-7   管理员邮箱和 Web 主机名及端口设置

④ 设置 WEB 站点根目录为/var/www/jimu.com,如图 7-8 所示。

```
# DocumentRoot: The directory out of which you will serve your
# documents. By default, all requests are taken from this directory, but
# symbolic links and aliases may be used to point to other locations.
#
DocumentRoot "/var/www/jimu.com"
```

图 7-8   Web 站点根目录的设置

⑤ 设置主页文件为 index.html,如图 7-9 所示。

```
# The index.html.var file (a type-map) is used to deliver content-
# negotiated documents.  The MultiViews Option can be used for the
# same purpose, but it is much slower.
#
DirectoryIndex index.html index.html.var
```

图 7-9   主页文件名的设置

⑥ 设置服务器的默认编码为 GB2312,如图 7-10 所示。

```
# Specify a default charset for all content served; this enables
# interpretation of all content as UTF-8 by default.  To use the
# default browser choice (ISO-8859-1), or to allow the META tags
# in HTML content to override this choice, comment out this
# directive:
#
AddDefaultCharset GB2312
```

图 7-10   服务器文字默认编码

⑦ 注释掉 Apache 默认欢迎页面 vi /etc/httpd/conf.d/welcome.conf，如图 7-11 所示。

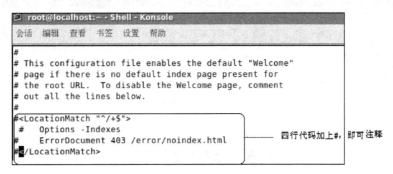

```
# This configuration file enables the default "Welcome"
# page if there is no default index page present for
# the root URL.  To disable the Welcome page, comment
# out all the lines below.
#
#<LocationMatch "^/+$">
 #    Options -Indexes
 #    ErrorDocument 403 /error/noindex.html
#</LocationMatch>
```
四行代码加上#，即可注释

图 7-11 默认的欢迎页面注释掉

⑧ 设置客户端最大连接数为 1000，如图 7-12 所示。

```
<IfModule prefork.c>
StartServers        8
MinSpareServers     5
MaxSpareServers    20
ServerLimit      1000
MaxClients       1000
MaxRequestsPerChild 4000
</IfModule>
```

图 7-12 客户端最大连接数

（3）启动 httpd 服务 service httpd start，如图 7-13 所示。

```
root@localhost:~ - Shell - Konsole
会话  编辑  查看  书签  设置  帮助
[root@localhost ~]# service  httpd start
启动 httpd:                                          [确定]
```

图 7-13 启动 httpd 服务

（4）将制作好的网页存放在文档目录/var/www/jimu.com 中，如图 7-14 所示。

```
会话  编辑  查看  书签  设置  帮助
<html>
  <head>
    <title>welcome to my page.</title>
    <meta content="">
    <style></style>
  </head>
  <body>"test jimu.com, 欢迎光临"</body>
</html>
~
```

图 7-14 输入网页内容

（5）测试。在 IE 地址栏中输入 www.jimu.com 就可以打开制作好的首页，如图 7-15 所示。

项
目
7

配置与管理 Apache 服务器

图 7-15 测试网页

7.5 习题与实训

7.5.1 思考与习题

1. 填空题

(1) 确定系统是否安装了 Apache 服务器的命令是_____。

(2) Apache 服务器是_____。

(3) Apache 的配置文件 httpd. conf 可分为三个主要部分,分别是_____、_____、_____。

2. 问答题

(1) 什么是 Apache? 简述其特点。

(2) 在本实训中,Apache 服务器启动了以后该如何停止?

7.5.2 实训

1. 实训目的

(1) 初步掌握 Apache 服务器的设置。

(2) 掌握网页发布的原理。

2. 实训内容

(1) 构建实训环境。

(2) 配置 Apache。

(3) 编写一个简单的主页。

(4) 启动 Apache 服务器。

(5) 检查实训结果。

3. 实训总结

提交实训报告。

项目 8 | 配置与管理 FTP 服务器

8.1 任务描述

季目开关制造公司根据需要搭建 FTP 服务器,要求如下:

(1) 客户端能通过域名 ftp.jimu.com 访问服务器,IP 地址为 192.168.X.1。

(2) 服务器不允许匿名用户访问,只允许内部员工下载数据,不允许上传数据;(假设内部员工为用户所在的小组的成员)。

(3) 开启 vsftp 的 log 功能设置,文件名为/var/log/xferlog。

(4) 设置无任何操作的超时时间为两分钟,设置数据连接的超时时间为 5 分钟。

(5) 设置 FTP 服务器最大支持连接数为 1000 个,每个 IP 最多能支持 10 个链接。

(6) 限制技术人员的下载速度不超过 512KB/s 速度下载管理人员以 1MB/s 速度下载。

(7) 客户端能够通过域名访问 FTP 服务器。

8.2 任务分析

(1) 够规划 FTP 的方案。

(2) 能够安装、配置 FTP 服务器,实现 FTP 的访问。

8.3 知识储备

8.3.1 FTP 概述

1. FTP

FTP 文件传输协议是一个用于从一台主机到网络中另外一台主机的传送文件的协议。

该协议的历史可追溯 1971 年(当时因特网尚处于实验之中),不过至今仍然极为流行。FTP 在 RFC959 中有具体说明。在一个典型的 FTP 会话中,用户坐在本地主机前,想把文件传送到一台远程主机(上传)或者想把文件从一台远程主机传送过来(下载)。

2. FTP 功能

FTP 服务不受计算机类型以及操作系统的限制,无论是 PC、服务器、大型机,也不管操作系统是 Linux、DOS 还是 Windows,只要建立 FTP 连接的双方都支持 FTP 协议,就可以方便地传输文件。目前 FTP 服务主要应用于以下几个方面:

(1) 文件的上传与下载。

（2）软件的高速下载。

（3）Web 站点的维护与更新。

8.3.2　FTP 的工作原理

FTP 服务采用客户机/服务器模式，FTP 客户机和服务器使用 TCP 建立连接。FTP 服务器使用两个并行的 TCP 连接来传送文件，一个是控制连接；另一个是数据连接。

控制连接用于在客户主机和服务器主机之间发送控制信息，如用户名和口令、改变远程目录的命令、取来或放回文件的命令。数据连接用于真正传输文件。

8.3.3　vsFTPd 中的三类用户

1. 本地用户

本地用户是指具有本地登录权限的用户。这类用户在登录 FTP 服务器时，所用的登录名为本地用户名，采用的密码为本地用户的口令。登录成功之后进入的为本地用户的目录。

2. 虚拟用户

虚拟用户只具有从远程登录 FTP 服务器的权限，只能访问为其提供的 FTP 服务。虚拟用户不具有本地登录权限。虚拟用户的用户名和口令都是由用户口令库指定。一般采用 PAM 进行认证。

3. 匿名用户

匿名用户在登录 FTP 服务器时并不需要特别的密码就能访问服务器。一般匿名用户的用户名为 ftp 或 anonymous。

8.3.4　FTP 的命令方式

在登录成功之后，用户就可以进行相应的文件传输操作了。其中常用到的一些重要命令如下：

（1）FTP＞?：显示 FTP 命令说明。? 与 help 相同。

FTP＞ append：使用当前文件类型设置将本地文件附加到远程计算机上的文件。

（2）格式：

```
append local - file [remote - file]
```

（3）FTP＞ ascii：将文件传送类型设置为默认的 ASCII。

（4）FTP＞ binary(或 bi)：将文件传送类型设置为二进制。

（5）FTP＞ bell：切换响铃以在每个文件传送命令完成后响铃。默认情况下，铃声是关闭的。

（6）FTP＞ bye(或 by)：结束与远程计算机的 FTP 会话并退出 FTP。

（7）FTP＞ cd：更改远程计算机上的工作目录。

其格式如下：

```
cd  remote - directory
```

（8）FTP＞ close：结束与远程服务器的 FTP 会话并返回命令解释程序。

（9）FTP＞ debug：切换调试。

（10）FTP＞ delete：删除远程计算机上的文件。

其格式如下：

```
delete remote - file
```

（11）FTP＞dir：显示远程目录文件和子目录列表。

（12）FTP＞disconnect：从远程计算机断开，保留 FTP 提示。

（13）FTP＞get：使用当前文件转换类型将远程文件复制到本地计算机。

其格式如下：

```
get remote - file [local - file]
```

（14）FTP＞glob：切换文件名组合。组合允许在内部文件或路径名中使用通配符（＊和?）。默认情况下，组合是打开的。

（15）FTP＞hash：切换已传输的每个数据块的数字签名（♯）打印。数据块的大小是 2048B。默认情况下，散列符号打印是关闭的。

（16）FTP＞lcd：更改本地计算机上的工作目录。默认情况下，工作目录是启动 FTP 的目录。

其格式如下：

```
lcd [directory])
```

（17）FTP＞type：设置或显示文件传送类型。

其格式如下：

```
type [type - name]
```

（18）FTP＞mdelete：删除远程计算机上的文件。

其格式如下：

```
mdelete remote - files [...]
```

（19）FTP＞mdir：显示远程目录文件和子目录列表。可以使用 mdir 指定多个文件。

其格式如下：

```
mdir remote - files [...]local - file
```

（20）FTP＞mget：使用当前文件传送类型将远程文件复制到本地计算机。

其格式如下：

```
mget remote - files [ ⋯ ]
```

（21）FTP＞mkdir：创建远程目录。

其格式如下：

```
mkdir directory
```

（22）FTP＞mls：显示远程目录文件和子目录的缩写列表。

（23）FTP＞mput：使用当前文件传送类型将本地文件复制到远程计算机上。

其格式如下：

```
mput local - files [ ... ]
```

（24）FTP＞open：与指定的 FTP 服务器连接。

其格式如下：

```
open computer [port]
```

（25）FTP＞put：使用当前文件传送类型将本地文件复制到远程计算机上。

其格式如下：

```
put local - file [remote - file]
```

（26）FTP＞pwd：显示远程计算机上的当前目录。

（27）FTP＞quit：结束与远程计算机的 FTP 会话并退出 FTP。

（28）FTP＞rmdir：删除远程目录。

其格式如下：

```
rmdir directory
```

（29）FTP＞status：显示 FTP 连接和切换的当前状态。

8.3.5 常用配置参数

1. 登录及对匿名用户的设置

（1）anonymous_enable＝YES：设置是否允许匿名用户登录 FTP 服务器。

（2）local_enable＝YES：设置是否允许本地用户登录 FTP 服务器。

（3）write_enable＝YES：全局性设置，设置是否对登录用户开启写权限。

（4）local_umask＝022：设置本地用户的文件生成掩码为 022，则对应权限为 755(777－022＝755)。

（5）anon_umask＝022：设置匿名用户新增文件的 umask 掩码。

（6）anon_upload_enable＝YES：设置是否允许匿名用户上传文件，只有在 write_enable 的值为 yes 时，该配置项才有效。

（7）anon_mkdir_write_enable＝YES：设置是否允许匿名用户创建目录，只有在 write_enable 的值为 yes 时，该配置项才有效。

（8）anon_other_write_enable＝NO：若设置为 YES，则匿名用户会被允许拥有多于上传和建立目录的权限，还有删除和更名的权限，默认值为 NO。

（9）ftp_username＝ftp：设置匿名用户的账户名称，默认值为 ftp。

（10）no_anon_password＝YES：设置匿名用户登录时是否询问口令。设置为 YES，则不询问。

2. 用户登录 FTP 服务器成功后服务器可以向登录用户输出预设置的欢迎信息

（1）ftpd_banner＝Welcome to blah FTP service.：设置登录 FTP 服务器时显示的信息。

（2）banner_file＝/etc/vsftpd/banner：设置用户登录时，将要显示 banner 文件中的内容，该设置将覆盖 ftpd_banner 的设置。

（3）dirmessage_enable＝YES：设置进入目录时是否显示目录消息。若设置为 YES，则用户进入目录时，将显示该目录中由 message_file 配置项指定文件(.message)中的内容。

（4）message_file=.message：设置目录消息文件的文件名。如果 dirmessage_enable 的取值为 YES，则用户在进入目录时，会显示该文件的内容。

3. 设置用户在 FTP 客户端登录后所在的目录

（1）local_root＝/var/ftp：设置本地用户登录后所在的目录，默认情况下，没有此项配置。在 vsftpd.conf 文件的默认配置中，本地用户登录 FTP 服务器后，所在的目录为用户的家目录。

（2）anon_root＝/var/ftp：设置匿名用户登录 FTP 服务器时所在的目录。若未指定，则默认未/var/ftp 目录。

4. 设置是否将用户锁定在指定的 FTP 目录

默认情况下，匿名用户会被锁定在默认的 FTP 目录中，而本地用户可以访问到自己 FTP 目录以外的内容。出于安全性的考虑，建议将本地用户也锁定在指定的 FTP 目录中。可以使用以下几个参数进行设置。

（1）chroot_list_enable＝YES：设置是否启用 chroot_list_file 配置项指定的用户列表文件。

（2）chroot_local_user＝YES：用于指定用户列表文件中的用户，是否允许切换到指定 FTP 目录以外的其他目录。

（3）chroot_list_file＝/etc/vsftpd.chroot_list：用于指定用户列表文件，该文件用于控制哪些用户可以切换到指定 FTP 目录以外的其他目录。

5. 设置用户访问控制

对用户的访问控制由/etc/vsftpd.user_list 和/etc/vsftpd.ftpusers 文件控制。/etc/vsftpd.ftpusers 文件专门用于设置不能访问 FTP 服务器的用户列表。/etc/vsftpd.user_list 由下面的参数决定。

（1）userlist_enable＝YES：取值为 YES 时/etc/vsftpd.user_list 文件生效，取值为 NO 时/etc/vsftpd.user_list 文件不生效。

（2）userlist_deny＝YES：设置/etc/vsftpd.user_list 文件中的用户是否允许访问 FTP 服务器。若设置为 YES 时，则/etc/vsftpd.user_list 文件中的用户不能访问 FTP 服务器；若设置为 NO 时，则只有/etc/vsftpd.user_list 文件中的用户才能访问 FTP 服务器。

6. 设置主机访问控制

tcp_wrappers＝YES：设置是否支持 tcp_wrappers。若取值为 YES，则由/etc/hosts.allow 和/etc/hosts.deny 文件中的内容控制主机或用户的访问。若取值为 NO，则不支持。

7. 设置 FTP 服务的启动方式及监听 IP

vsftpd 服务既可以以独立方式启动也可以由 Xinetd 进程监听以被动方式启动。

（1）listen＝YES：若取值为 YES，则 vsftpd 服务以独立方式启动。如果想以被动方式启动将本行注释掉即可。

（2）listen_address＝IP：设置监听 FTP 服务的 IP 地址，适合于 FTP 服务器有多个 IP 地址的情况。如果不设置，则在所有的 IP 地址监听 FTP 请求。只有 vsftpd 服务在独立启动方式下才有效。

8. 与客户连接相关的设置

（1）anon_max_rate＝0：设置匿名用户的最大传输速度，若取值为 0，则不受限制。

(2) local_max_rate=0：设置本地用户的最大传输速度，若取值为 0，则不受限制。

(3) max_clients=0：设置 vsftpd 在独立启动方式下允许的最大连接数，若取值为 0，则不受限制。

(4) max_per_ip=0：设置 vsftpd 在独立启动方式下允许每个 IP 地址同时建立的连接数目。若取值为 0，则不受限制。

(5) accept_timeout=60：设置建立 FTP 连接的超时时间间隔，以秒为单位。

(6) connect_timeout=120：设置 FTP 服务器在主动传输模式下建立数据连接的超时时间，单位为秒。

(7) data_connect_timeout=120：设置建立 FTP 数据连接的超时时间，单位为秒。

(8) idle_session_timeout=600：设置断开 FTP 连接的空闲时间间隔，单位为秒。

(9) pam_service_name=vsftpd：设置 PAM 所使用的名称。

9. 设置上传文档的所属关系和权

(1) chown_uploads=YES：设置是否改变匿名用户上传文档的属主。默认为 NO。若设置为 YES，则匿名用户上传的文档属主将由 chown_username 参数指定。

(2) chown_username=whoever：设置匿名用户上传的文档的属主。建议不要使用 root。

(3) file_open_mode=755：设置上传文档的权限。

10. 设置数据传输模式

FTP 客户端和服务器间在传输数据时，既可以采用二进制方式也可以采用 ASCII 码方式。

(1) ascii_download_enable=YES：设置是否启用 ASCII 码模式下载数据，默认为 NO。

(2) ascii_upload_enable=YES：设置是否启用 ASCII 码模式上传数据，默认为 NO。

8.3.6　FTP 服务器的配置文件

vsftpd 服务的相关配置文件如下：

(1) /etc/vsftpd/vsftpd.conf：vsftpd 服务器的主配置文件。

(2) /etc/vsftpd.ftpusers：在该文件中列出的用户清单将不能访问 FTP 服务器。

(3) /etc/vstpd.user_list：当/etc/vsftpd/vsftpd.conf 文件中 userlist_enable 和 userlist_deny 的值都为 YES 时，在该文件中列出的用户不能访问 FTP 服务器。当/etc/vsftpd/vsftpd.conf 文件中的 userlist_enable 的取值为 YES 而 userlist_deny 的取值为 NO 时，只有/etc/vstpd.user_list 文件中列出的用户才能访问 FTP 服务器。

8.3.7　使用 pam 实现虚拟用户 FTP 服务

虚拟用户只具有从远程登录 FTP 服务器的权限，只能访问为其提供的 FTP 服务。虚拟用户不具有本地登录权限。虚拟用户的用户名和口令都是由用户口令库指定。一般采用 PAM 进行认证。

8.4 任务实施

1. FTP 服务器的实施过程

（1）服务器所需软件的安装：

① 首先来查看软件包是否安装（如图 8-1 所示），rpm -qa|grep vsftpd ＊ 。

```
[root@localhost ~]# rpm -qa |grep vsftpd*
vsftpd-2.0.5-16.el5
```

图 8-1　查询 vsftpd 软件的安装

② 如果没有安装，则首先挂载光盘，然后安装，如图 8-2 所示。

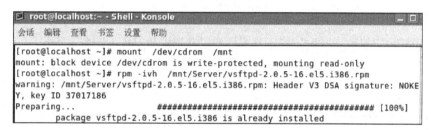

图 8-2　vsftpd 主程序包的安装

③ vsftpd 相关文档的查询，如图 8-3 所示。

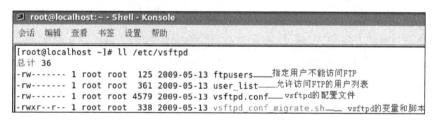

图 8-3　vsftpd 相关文档的查询

（2）配置 vsftpd.conf 主配置文件 vi /etc/vsftpd/vsftpd.conf，如图 8-4 所示。

```
[root@localhost ~]# vi /etc/vsftpd/vsftpd.conf
```

图 8-4　打开配置文件

① 服务器配置支持上传，即允许匿名用户访问 anonymous_enable＝YES，如图 8-5 所示。

② 允许匿名用户上传文件并可以创建目录，保存退出，如图 8-6 所示。

anon_upload_enable＝YES
anon_mkdir_write_enable＝YES

③ 修改目录权限，创建一个公司上传用的目录，叫 jimu，分配 ftp 用户所有，目录默认权限是 755，如图 8-7 所示。

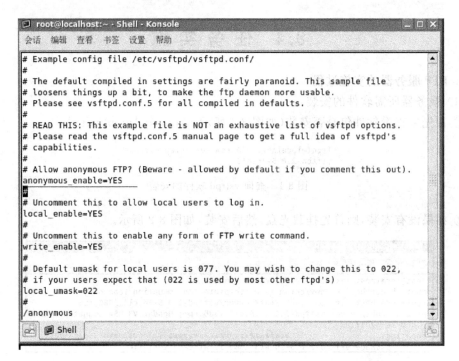

图 8-5　允许匿名用户访问

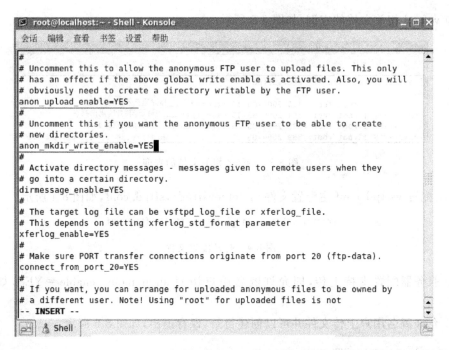

图 8-6　允许匿名用户上传并创建目录

④ 修改目录权限，需要开启 SElinux 服务，如图 8-8 所示。

⑤ reboot 重启系统，查询 SElinux 运行状态，如图 8-9 所示。

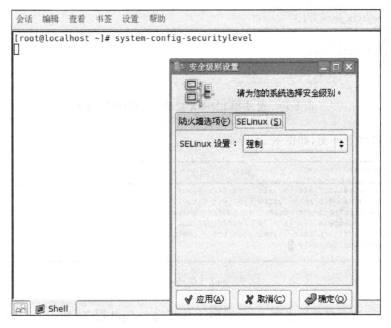

```
控制(M) 设备(D) 帮助(H)
root@localhost:~ - Shell - Konsole
会话  编辑  查看  书签  设置  帮助

[root@localhost ~]# mkdir /var/ftp/jimu 创建公司上传用的目录
[root@localhost ~]# ll -d /var/ftp/jimu
drwxr-xr-x 2 root root 4096 08-23 17:38 /var/ftp/jimu
[root@localhost ~]# chown ftp /var/ftp/jimu      分配FTP用户所有
[root@localhost ~]# ll  /var/ftp/jimu
总计 0
[root@localhost ~]# ll -d   /var/ftp/jimu
drwxr-xr-x 2 ftp root 4096 08-23 17:38 /var/ftp/jimu 目录权限是755
[root@localhost ~]#
```

图 8-7　创建上传目录,并分配 FTP 用户

```
会话  编辑  查看  书签  设置  帮助
[root@localhost ~]# system-config-securitylevel

  安全级别设置
  请为您的系统选择安全级别。
  防火墙选项(F)  SELinux (S)
  SELinux 设置:  强制
  ✔ 应用(A)    ✘ 取消(C)    ✔ 确定(O)

  Shell
```

图 8-8　开启 SElinux 服务

```
root@localhost:~ - Shell - Konsole
会话  编辑  查看  书签  设置  帮助
[root@localhost ~]# sestatus
SELinux status:              enabled
SELinuxfs mount:             /selinux
Current mode:                permissive
Mode from config file:       permissive
Policy version:              21
Policy from config file:     targeted
[root@localhost ~]#
```

图 8-9　系统重启后查询 SElinux 运行状态

⑥ 使用 getsebool -a|grep ftp 命令可以找到 ftp 的 bool 值,然后更改 getsebool -a 是显示所有 selinux 的布尔值,通过管道,查找 ftp 相关的,使用 setsebool -P allow_ftpd_anon_write 命令设置布尔值,如图 8-10 所示。

```
会话 编辑 查看 书签 设置 帮助
[root@localhost ~]# getsebool -a |grep ftp
allow_ftpd_anon_write --> off
allow_ftpd_full_access --> off
allow_ftpd_use_cifs --> off
allow_ftpd_use_nfs --> off
allow_tftp_anon_write --> off
ftp_home_dir --> off
ftpd_connect_db --> off
ftpd_disable_trans --> off
ftpd_is_daemon --> on
httpd_enable_ftp_server --> off
tftpd_disable_trans --> off
[root@localhost ~]# setsebool -P allow_ftpd_anon_write on
[root@localhost ~]# getsebool -a |grep ftp
allow_ftpd_anon_write --> on
allow_ftpd_full_access --> off
allow_ftpd_use_cifs --> off
allow_ftpd_use_nfs --> off
allow_tftp_anon_write --> off
ftp_home_dir --> off
ftpd_connect_db --> off
ftpd_disable_trans --> off
ftpd_is_daemon --> on
httpd_enable_ftp_server --> off
```

图 8-10　通过 SELINUX 授予匿名用户写的权限

⑦ 准备修改上下文，如图 8-11 所示。

```
会话 编辑 查看 书签 设置 帮助
[root@localhost ~]# ls  -Zd /var/ftp/jimu/
drwxr-xr-x  ftp root system_u:object_r:public_content_t /var/ftp/jimu/
[root@localhost ~]# chcon  -t  public_content_rw_t  /var/ftp/jimu/
[root@localhost ~]# ls  -Zd  /var/ftp/jimu/
drwxr-xr-x  ftp root system_u:object_r:public_content_rw_t /var/ftp/jimu/
[root@localhost ~]#
```

图 8-11　修改上下文

（3）reboot 重新启动服务器，运行级别 3 并开启 vsftpd 服务，如图 8-12 所示。

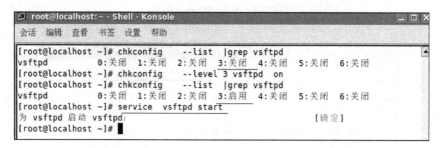

图 8-12　运行级别 3 并开启 vsftpd 服务

（4）测试：匿名登录 FTP，如图 8-13 所示。

（5）测试：匿名用户创建新目录和上传文件，如图 8-14 所示。

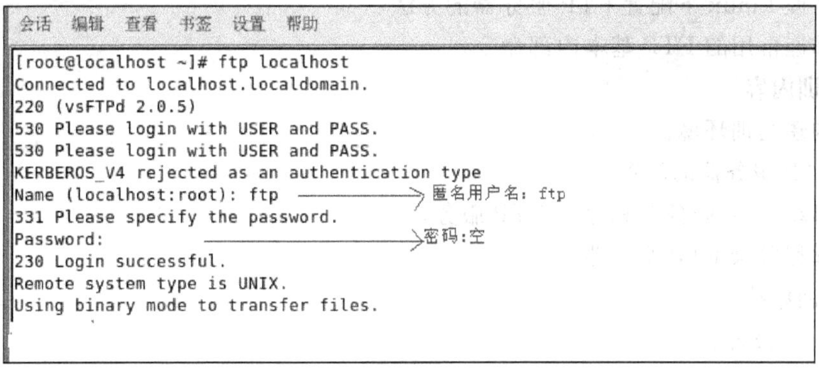
```
会话 编辑 查看 书签 设置 帮助
[root@localhost ~]# ftp localhost
Connected to localhost.localdomain.
220 (vsFTPd 2.0.5)
530 Please login with USER and PASS.
530 Please login with USER and PASS.
KERBEROS_V4 rejected as an authentication type
Name (localhost:root): ftp
331 Please specify the password.
Password:
230 Login successful.
Remote system type is UNIX.
Using binary mode to transfer files.
```


图 8-13　匿名登录 FTP

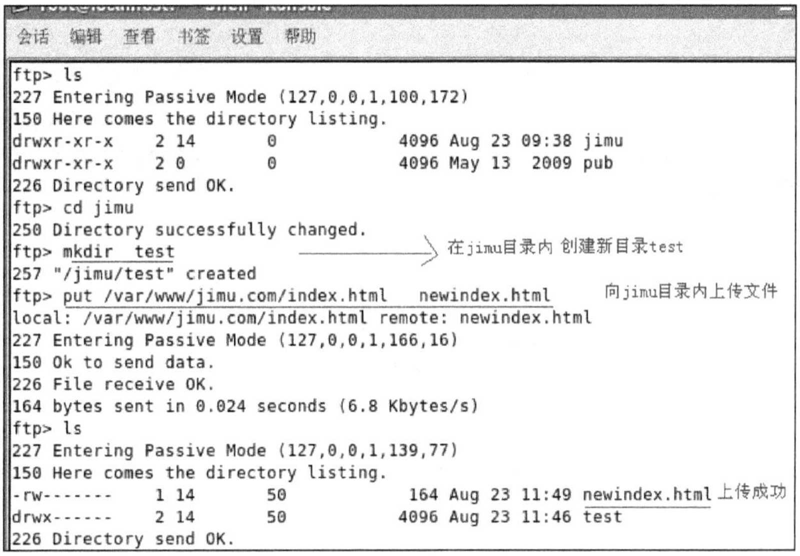
```
会话 编辑 查看 书签 设置 帮助
ftp> ls
227 Entering Passive Mode (127,0,0,1,100,172)
150 Here comes the directory listing.
drwxr-xr-x    2 14       0            4096 Aug 23 09:38 jimu
drwxr-xr-x    2 0        0            4096 May 13  2009 pub
226 Directory send OK.
ftp> cd jimu
250 Directory successfully changed.
ftp> mkdir  test
257 "/jimu/test" created
ftp> put /var/www/jimu.com/index.html   newindex.html
local: /var/www/jimu.com/index.html remote: newindex.html
227 Entering Passive Mode (127,0,0,1,166,16)
150 Ok to send data.
226 File receive OK.
164 bytes sent in 0.024 seconds (6.8 Kbytes/s)
ftp> ls
227 Entering Passive Mode (127,0,0,1,139,77)
150 Here comes the directory listing.
-rw-------    1 14       50            164 Aug 23 11:49 newindex.html
drwx------    2 14       50           4096 Aug 23 11:46 test
226 Directory send OK.
```


图 8-14　匿名用户成功上传文件

8.5　习题与实训

8.5.1　思考与习题

简答题

(1) 简述使用 FTP 进行文件传输时的两种登录方式？它们的区别是什么？常用的 FTP 文件传输命令是什么？

(2) FTP 的使用者分为哪几类？

8.5.2　实训

1. 实训目的

(1) 了解 FTP 的基本原理和作用。

（2）掌握 Linux 下配置 FTP 服务器的方法。

（3）掌握常用的 FTP 基本内部命令。

2. 实训内容

（1）构建实训环境。

（2）FTP 服务器的配置。

（3）启动 FTP 服务器和停止 FTP 服务。

（4）远程登录 FTP 服务器。

3. 实训总结

提交实训报告。

项目 9　配置与管理 E-mail 服务器

9.1　任 务 描 述

季目开关制造公司根据需要搭建 FTP 服务器,要求如下:

(1) 完成相关软件包的安装与配置,设置邮件服务器,开启 SMTP、POP3、IMAP 服务,能使用两种以上的方式测试:

(2) 用 Telnet 进行端口测试。

(3) 客户端程序测试邮件收发。

(4) 建立电子邮件账号 bonnie 和 jonie、bruce,密码均为 Jm09。

(5) 配置允许 MAIL 服务器所在网段进行中继操作,同时限制 bruce@jimu.com 发送邮件。

(6) 在客户端中以 bonnie@jimu.com 账户名向 jonie@jimu.com 账户发一份电子邮件,主题为"邀请函",内容为"欢迎参加季目集团高科技新产品新闻发布会!"。在物理机上使用客户端 foxmail 或 Outlook 程序发送、接收邮件,在收件箱中打开此新闻发布会的邮件。

9.2　任 务 分 析

(1) 能熟练配置 Sendmail 邮件服务器。

(2) 能熟练配置与管理 POP3 服务器。

(3) 能熟练完成邮件服务的故障检测与排除。

9.3　知 识 储 备

9.3.1　电子邮件系统概述

1. 电子邮件系统的组成

电子邮件是当今网络上最流行的服务,也是最重要的服务之一。电子邮件的主要功能是在网络上进行信息的传递和交流,与传统的邮政信件服务类似,电子邮件服务具备快捷、经济的特点。一个完整的电子邮件系统,包含邮件用户代理程序、邮件传送代理程序、电子邮件协议 3 个部分。

(1) 邮件用户代理(Mail User Agent,MUA):电子邮件系统的客户端程序,主要负责邮件的发送和接收以及邮件的撰写、阅读等工作。

目前主流的邮件用户代理软件 Outlook、Foxmail、mail、pine、Evolution 等。

（2）邮件传送代理（Mail Transfer Agent，MTA）：电子邮件系统的服务器端程序，主要负责邮件的存储和转发。

目前主流的邮件用户代理软件：Exchange、sendmail、qmail 和 postfix 等。

（3）邮件投递代理（Mail Dilivery Agent，MDA）：MDA 有时也称为本地投递代理（Local Dilivery Agent，LDA）。MTA 把邮件投递到邮件接收者所在的邮件服务器，MDA 则负责把邮件按照接收者的用户名投递到邮箱中。

2．E-mail 的地址

电子邮件地址使用格式为 USER@SERVER. COM。

3．E-mail 传输过程

邮件发送的基本过程如图 9-1 所示。

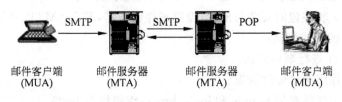

图 9-1　邮件发送基本过程

（1）邮件用户在客户机使用 MUA 撰写邮件，并将写好的邮件提交给本地 MTA 上的缓冲区。

（2）MTA 每隔一定时间发送一次缓冲区中的邮件队列。MTA 根据邮件的接收者地址，使用 DNS 服务器的 MX（邮件交换器资源记录）解析邮件地址的域名部分，从而决定将邮件投递到哪一个目标主机。

（3）目标主机上的 MTA 收到邮件以后，根据邮件地址中的用户名部分判断用户的邮箱，并使用 MDA 将邮件投递到该用户的邮箱中。

（4）该邮件的接收者可以使用常用的 MUA 软件登录邮箱，查阅新邮件，并根据自己的需要作相应的处理。

4．E-mail 的相关协议

（1）SMTP（Simple Mail Transfer Protocol）协议：电子邮件在网络上 MTA 之间传输。

（2）使用的应用层协议为简单邮件传输协议（SMTP）。该协议默认在 TCP 25 端口上工作。

（3）POP3（Post Office Protocol 3）协议：邮局协议第 3 版，负责把用户的电子邮件信息从邮件服务器传递到用户的计算机上。该协议默认工作在 TCP 110 端口上。

（4）IMAP4（Internet Message Access Protocol 4）协议：Internet 信息访问协议的第 4 个版本）能够在线阅读邮件信息而不将邮件下载到本地。该协议默认工作在 TCP 143 端口上。

9.3.2　sendmail 邮件服务器的配置文件

sendmail 邮件服务器的配置文件有以下 6 个：

（1）/etc/mail/sendmail. cf：sendmail 的主配置文件 sendmail. cf 控制着 sendmail 的所

有行为,但使用了大量的宏代码进行配置。通常利用宏文件 sendmail.mc 生成 sendmail.cf。

（2）/etc/mail/sendmail.mc：sendmail 提供 sendmail 文件模板,通过编辑此文件后再使用 m4 工具将结果导入 sendmail.cf 完成配置 sendmail 核心配置文件,降低配置复杂度。

（3）/etc/mail/local-host-names：用于设置服务器所负责投递的域。

（4）/etc/mail/access.db：数据库文件,用于实现中继代理。

（5）/etc/aliases：用于定义 sendmail 邮箱别名。

（6）/etc/mail/virtusertable.db：用于定义虚拟用户和域的数据库文件。

9.3.3　电子邮件服务器的配置流程

电子邮件服务器的配置流程有以下 8 步：

（1）修改/etc/mail/sendmail.mc 文件,使得 sendmail 可以在正确的网络端口监听服务请求。找到行：

```
DAEMON_OPTIONS('Port = smtp, Addr = 127.0.0.1, Name = MTA')dnl
```

修改为：

```
DAEMON_OPTIONS('Port = smtp, Addr = 0.0.0.0 Name = MTA')dnl
```

0.0.0.0 表示所有人都可以使用本邮件服务器。

（2）利用 m4 宏编译工具将 sendmail.mc 文件编译生成新的 sendmail.cf 文件。

```
m4  /etc/mail/sendmail.mc > /etc/mail/sendmail.cf
```

（3）修改/etc/mail/local-host-names 文件,设置本地邮件服务器所投递的域。
打开文件：

```
vi  /etc/mail/local - host - names
```

添加行：

```
bitc.edu.cn
```

（4）利用 useradd 命令添加 user1 和 user 账号,并设置账号密码。

① useradd user1。

② useradd user。

③ passwd user1。

④ passwd user。

（5）修改 DNS 服务器的 MX 资源记录：

① 在 DNS 服务器的正向区域文件中添加 MX 资源记录,如图 9-2 所示,添加末两行：

```
vi /var/named/chroot/var/named/bitc.edu.cn.zone
```

② 在 DNS 服务器的反向区域文件中添加 MX 资源记录,如图 9-3 所示,添加末两行：

```
vi  /var/named/chroot/var/named/16.168.192.in - addr.arpa
```

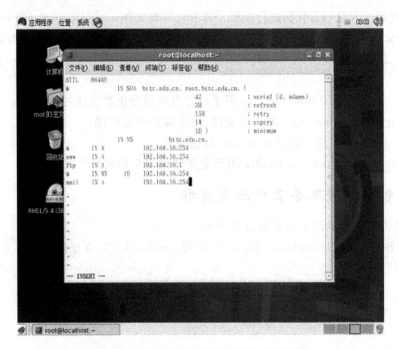

图 9-2　DNS 正向区域文件中添加 MX 记录

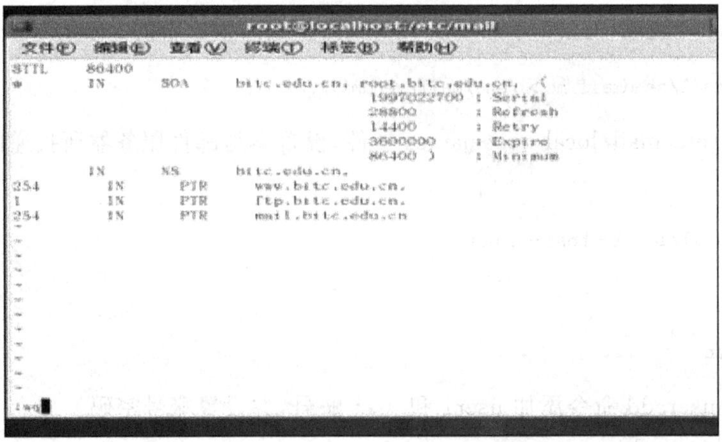

图 9-3　DNS 反向区域文件中添加 MX 记录

（6）用 shadow 的用户名和命名进行验证 saslauthd -a shadow。

否则发送邮件时会出现 smtp 认证失败。

（7）启动与停止 sendmail 服务

① 服务的启动：

```
service  sendmail  start
```

② 服务的停止：

```
service  sendmail  stop
```

(8) sendmail 邮件服务器的测试。

① 方法一：在客户端 windows xp 上安装 foxmail 软件配置 foxmail 使客户端实现邮件的收发。

② 方法二：利用 telnet 命令实现邮件的收发：

- 发送邮件 telnet 192.168.16.254　25。
- 接收邮件：telnet 192.168.16.254　110。

9.4　任 务 实 施

1. 软件的安装

先挂载光盘：

mount　/dev/cdrom　/mnt

软件的安装过程如下：

（1）rpm　-ivh　/mnt/Server/sendmail-8.9.3-10.i386.rpm。

（2）rpm　-ivh　/mnt/Server/sendmail-cf-8.9.3-10.i386.rpm。

（3）rpm　-ivh　/mnt/Server/sendmail-doc-8.9.3-10.i386.rpm。

（4）rpm　-ivh　/mnt/Server/m4-1.4.1-16.i386.rpm。

（5）安装 dovecot 软件包：因为此软件的安装依赖于两个文件 per-DBI-1.52-1.fc6.i386.rpm 和 mysql-5.0.22-2.1.0.1.i386.rpm。

所以先要安装这两个软件，然后再安装 dovecot-1.0-1.2.rc15.c15.i386.rpm 软件。安装过程如下：

① rpm　-ivh　/mnt/Server/ per-DBI-1.52-1.fc6.i386.rpm。

② rpm　-ivh　/mnt/Server/mysql-5.0.22-2.1.0.1.i386.rpm。

首先查看 RHEL5.4 预装了哪些包（如图 9-4 所示），rpm -qa|grep sendmail＊。

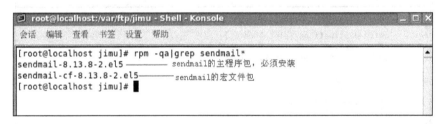

图 9-4　查询已经安装的 sendmail 软件包

如果相关的软件没有安装，则依照顺序安装，如图 9-5 所示。

安装 m4-1.4.5-3.el5.1.i386.rpm：宏处理过虑软件包，如图 9-6 所示。

2. DNS 服务器相关的配置

（1）主配置文件的修改 vi /var/named/chroot/etc/named.conf，如图 9-7 所示。

（2）配置正向区域文件 vi /var/named/chroot/var/named/jimu.com.zone，如图 9-8 所示。使用 MX 记录设置邮件服务器，这条记录一定要有，否则 Sendmail 无法正常工作。

```
[root@localhost jimu]# mount /dev/cdrom   /mnt
mount: block device /dev/cdrom is write-protected, mounting read-only
mount: /dev/cdrom already mounted or /mnt busy
mount: according to mtab, /dev/hdc is already mounted on /mnt
[root@localhost jimu]# rpm  -ivh  /mnt/Server/sendmail*
warning: /mnt/Server/sendmail-8.13.8-2.el5.i386.rpm: Header V3 DSA signature: NO
KEY, key ID 37017186
Preparing...                ######################################## [100%]
        package sendmail-8.13.8-2.el5.i386 is already installed
        package sendmail-cf-8.13.8-2.el5.i386 is already installed
[root@localhost jimu]# rpm  -ivh  /mnt/Server/sendmail-d
sendmail-devel-8.13.8-2.el5.i386.rpm  sendmail-doc-8.13.8-2.el5.i386.rpm
[root@localhost jimu]# rpm  -ivh  /mnt/Server/sendmail-devel-8.13.8-2.el5.i386.r
pm
warning: /mnt/Server/sendmail-devel-8.13.8-2.el5.i386.rpm: Header V3 DSA signatu
re: NOKEY, key ID 37017186
Preparing...                ######################################## [100%]
   1:sendmail-devel          ######################################## [100%]
[root@localhost jimu]# rpm  -ivh  /mnt/Server/sendmail-doc-8.13.8-2.el5.i386.rpm

warning: /mnt/Server/sendmail-doc-8.13.8-2.el5.i386.rpm: Header V3 DSA signature
: NOKEY, key ID 37017186
Preparing...                ######################################## [100%]
   1:sendmail-doc            ######################################## [100%]
```

图 9-5　sendmail 软件包的安装

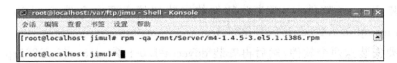

```
[root@localhost jimu]# rpm -qa /mnt/Server/m4-1.4.5-3.el5.1.i386.rpm
[root@localhost jimu]#
```

图 9-6　软件包的安装

```
//
//        match-clients      { localhost; };
//        match-destinations { localhost; };
//        recursion yes;
//        include "/etc/named.rfc1912.zones";
//};
zone  "jimu.com" IN {
      type  master;
      file "jimu.com.zone";
      allow-update {none;};
};
zone "16.168.192.in-addr.arpa" IN{
      type master;
      file "16.168.192.in-addr.arpa";
      allow-update {none;};
};
```

图 9-7　DNS 主配置文件的修改

（3）配置反向区域文件 vi /var/named/chroot/var/named/16.168.192.in-addr.arpa，如图 9-9 所示。

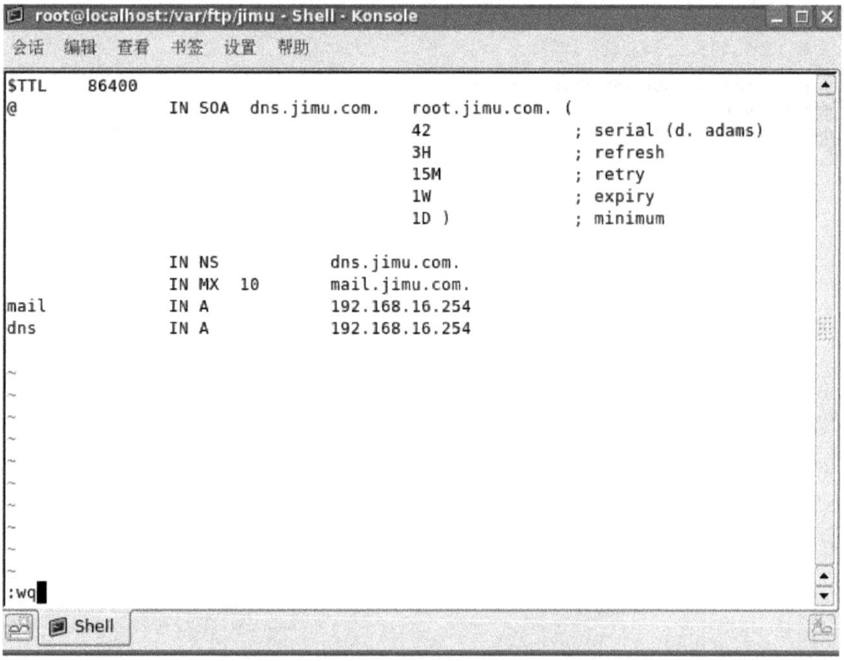

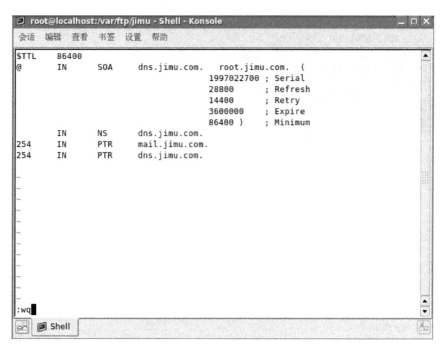

图 9-8 DNS 正向区域文件的修改

图 9-9 DNS 反向区域文件的修改

（4）修改 DNS 域名解析的配置文件 vim /etc/resolv.conf，如图 9-10 所示。

（5）重启 named 服务使配置生效 service named restart，如图 9-11 所示。

配置与管理 E-mail 服务器

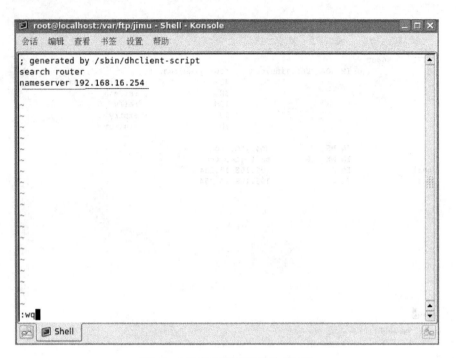

图 9-10 域名解析配置文件的修改

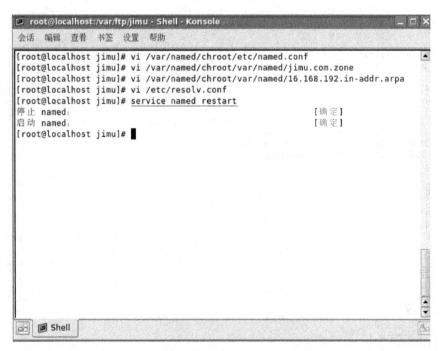

图 9-11 DNS 服务重启

3. 编辑 sendmail. mc 修改 SMTP 侦听网段范围

```
vim /etc/mail/sendmail.mc
```

（1）打开文件后，修改第 116 行（如图 9-12 所示），配置邮件服务器需要更改 IP 地址为公司内部网段或 0.0.0.0，这样可以扩大侦听范围（通常都设置成 0.0.0.0），否则邮件服务器无法正常发送邮件。

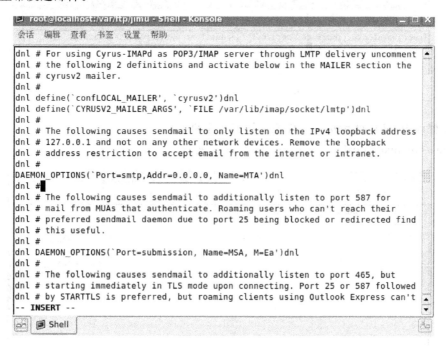

图 9-12 /etc/mail/sendmail.mc 第 116 行的修改

（2）第 155 行修改成自己域 LOCAL_DOMAIN('jimu.com')dnl，如图 9-13 所示。

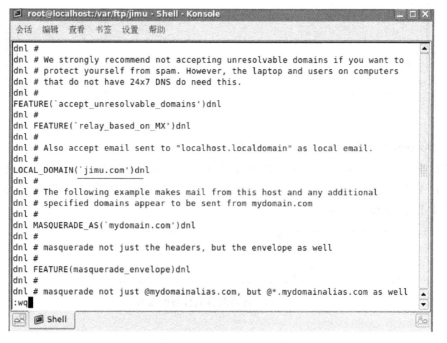

图 9-13 /etc/mail/sendmail.mc 第 155 行的修改

项
目
9

配置与管理 E-mail 服务器

4. 使用 m4 命令生成 sendmail.cf 文件

m4　/etc/mail/sendmail.mc＞/etc/mail/sendmail.cf，如图 9-14 所示。

图 9-14　mc 文件转换成 cf 文件

5. 修改 local-host-names 文件添加域名及主机名

vim /etc/mail/local-host-names，如图 9-15 所示。

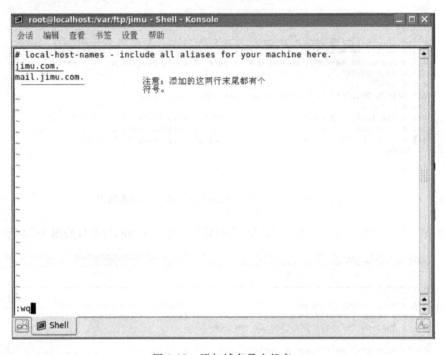

图 9-15　添加域名及主机名

6. Dovecot 接收邮件软件包（POP3 和 IMAP）

到这里 sendmail 服务器基本配置完成后，Mail Server 就可以完成邮件发送工作，如果需要使用 POP3 和 IMAP 协议接收邮件还需要安装 dovecot 软件包。在 rhel5 中 dovecot 整合了 IMAP，如图 9-16 所示。

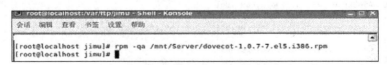

图 9-16　接收邮件软件包的安装

7. 启动 Sendmail 服务

service sendmail start 和 service dovecot start 命令启动 sendmail 和 dovecot 服务,如图 9-17 所示。

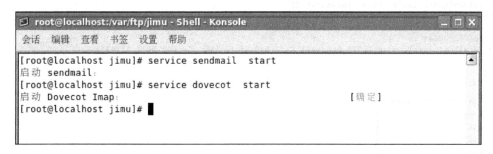

图 9-17　发送邮件与接收邮件服务的开启

8. 测试端口

使用 netstat 命令测试是否开启 SMTP 的 25 端口、POP3 的 110 端口及 IMAP 的 143 端口,如图 9-18 所示。

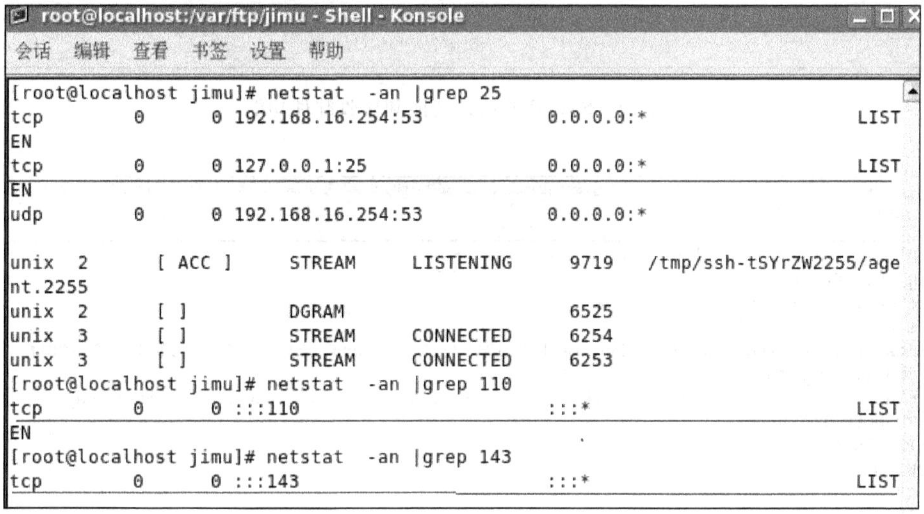

图 9-18　测试端口

9. 验证 Sendmail 的 SMTP 认证功能

telnet localhost 25 后输入 ehlo localhost 验证 Sendmail 的 SMTP 认证功能 telnet localhost 110,如图 9-19 所示。

10. Telnet 登录邮件服务器

telnet mail.jimu.com 25,如图 9-20 所示,登录发送邮件服务器。

telnet mail.jimu.com 110,如图 9-21 所示。

11. 建立用户

建立电子邮件账号 yan 和 liu,密码均为 Jimu10,如图 9-22 所示。

配置与管理 E-mail 服务器

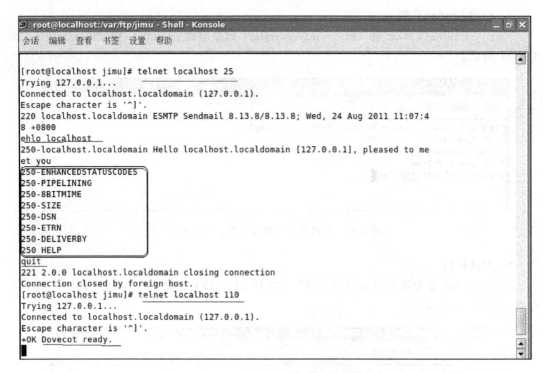

图 9-19　SMTP 的认证功能和接收邮件功能

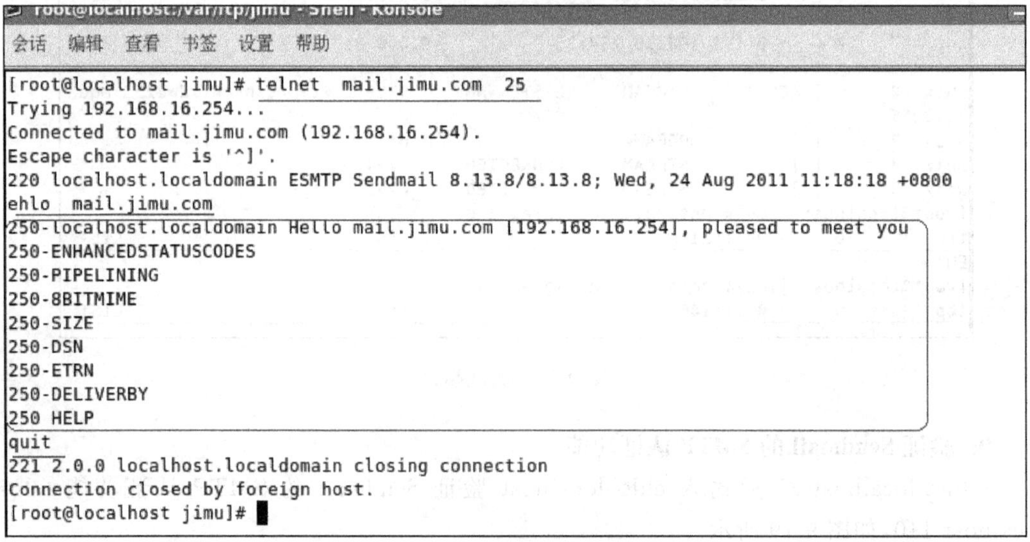

图 9-20　登录邮件服务器,验证域名

12. 客户端测试

在 Windows 系统下,也可以在 Linux 系统下。本例选择的 Linux 系统。

(1) 发送邮件如图 9-23 所示。

(2) 接收邮件如图 9-24 所示。

```
root@localhost:/var/named/chroot/var/named - Shell - Konsole
会话  编辑  查看  书签  设置  帮助
$TTL    86400
@       IN      SOA     dns.jimu.com.   root.jimu.com.  (
                                      1997022700 ; Serial
                                      28800      ; Refresh
                                      14400      ; Retry
                                      3600000    ; Expire
                                      86400 )    ; Minimum
        IN      NS      dns.jimu.com.
1       IN      PTR     mail.jimu.com.
254     IN      PTR     dns.jimu.com.
2       IN      PTR     www.jimu.com.
```

图 9-21　反向区域文件的修改

```
root@localhost:~ - Shell - Konsole
会话  编辑  查看  书签  设置  帮助
[root@localhost ~]# useradd yan
useradd: 用户 yan 已存在
[root@localhost ~]# passwd yan
Changing password for user yan.
New UNIX password:
BAD PASSWORD: it is based on a dictionary word
Retype new UNIX password:
passwd: all authentication tokens updated successfully.
[root@localhost ~]# useradd liu
[root@localhost ~]# passwd liu
Changing password for user liu.
New UNIX password:
BAD PASSWORD: it is based on a dictionary word
Retype new UNIX password:
passwd: all authentication tokens updated successfully.
[root@localhost ~]#
```

图 9-22　建立用户 yan 和 liu

```
会话  编辑  查看  书签  设置  帮助
[root@localhost ~]# telnet  mail.jimu.com  25  登录邮件服务器，准备发送邮件
Trying 192.168.16.254...
Connected to mail.jimu.com (192.168.16.254).
Escape character is '^]'.
220 localhost.localdomain ESMTP Sendmail 8.13.8/8.13.8; Wed, 24 Aug 2011 12:01:26 +0800
helo jimu.com                    //利用helo命令向邮件服务器表明身份
250 localhost.localdomain Hello mail.jimu.com [192.168.16.254], pleased to meet you
mail from:yan@jimu.com   //利用mail from命令输入发送人的邮件地址
250 2.1.0 yan@jimu.com... Sender ok
rcpt to:liu@jimu.com     //利用rcpt to命令输入接收人的邮件地址
250 2.1.5 liu@jimu.com... Recipient ok
data                         //利用data命令表明以后输入的内容为邮件内容
354 Enter mail, end with "." on a line by itself
from:yan@jimu.com            邮件的发送人
to:liu@jimu.com              邮件的接收人
subject:the first mail from yan!   邮件主题
hello,everybody!welcome to mail.jimu.com.   邮件正文
.          以符号“.”表明邮件结束
250 2.0.0 p7041QH0005420 Message accepted for delivery
quit         退出telnet命令
221 2.0.0 localhost.localdomain closing connection
Connection closed by foreign host.
[root@localhost ~]#
```

图 9-23　发送邮件过程

图 9-24　查看收到的邮件内容

9.5　习题与实训

9.5.1　思考与习题

简述题

（1）简述邮件服务器的协议组成。

（2）简述邮件服务器的工作原理。

9.5.2　实训

1. 实训目的

（1）了解邮件服务器的基本知识。

（2）掌握 Sendmail 下工作流程。

（3）掌握 Sendmail 的配置方法。

2. 实训内容

（1）构建实训环境。

（2）Sendmail 服务器的配置。

（3）测试邮件服务器。

3. 实训总结

提交实训报告。

参 考 文 献

[1] 孟庆昌. Linux 教程. 第 2 版,北京：电子工业出版社,2011.

[2] 郇涛. Linux 网络服务器配置与管理. 北京：机械工业出版社,2010.

[3] 杨云. 网络服务器搭建、配置与管理——Linux. 北京：人民邮电出版社,2011.